JN195160

安易な民営化のつけはどこに

先進国に広がる再公営化の動き

岸本 聡子、三雲 崇正
辻谷 貴文、橋本 淳司 著

目次

序章　改正水道法の成立と今後のまちづくり　橋本　淳司

1　改正水道法の成立と海外の動き　10
改正水道法の成立　10／公共事業の民間開放　12／水メジャー御膝下での異変　13／英国でのPFI終了　15
2　水道法改正後の舞台は自治体へ　18
コンセッションに前向きな自治体　18／反対や懸念を表明する自治体　20／まちづくりの議論のために本書を　22

第1章　公共の私営化の現状と未来　岸本　聡子

1　英国の現状　26
日本では「新自由主義の歌」が響くが…　26／英国の水道完全民営化　28／コスパOK？　29
2　世界各地で進む再公営化　32
２０１５年調査で２３５の水道再公営化　32／２０１７年調査で２６７の水道再公営化事例　33／契約満了にともなう再公営化が67パーセント　34
3　民営化という神話　37
効率的ではない民営化　37／民間契約は変更も停止も難しい　38

4　次世代型の公設公営公共サービスは可能だ　40
国連で表彰されたパリ市公営水道　40／民営化ではなく民主化を　43

第2章　事例　世界各地で進む再公営化の流れ　岸本　聡子

1　電力送電線、ガス配給ネットワーク　ハンブルグ市（ドイツ）　48
エネルギーシフトしたい！　48／再公営化をめぐる住民投票　49／私たちの送電線　51／残る課題　52
2　教育　ケララ州（インド）　53
小学校が閉鎖する？　53
3　一般廃棄物回収処理　ポートムーディ市（カナダ）　55
労使が協力して再公営化を実現　55
4　上下水道　ニース市（フランス）　57
市政の政策コントロールを取り戻す戦略　57／地域連帯、公公連携　60／ニースがパリから学んだこと　62
5　地域交通　ロンドン市（英国）　64
完全民営化のオルタナティブPPP　64／PPPの失敗と公的な救済　66／失われたお金と時間、公のソリューション　68
6　介護医療施設　スジュアス市（デンマーク）　70
行き過ぎたコスト削減　70

7　行政・図書館サービス　ロンドン南部クロイドン区（英国）　72
コミュニティーの大切な一部　72／ＰＦＩ請負企業カリリオン　73／政府御用達のＰＦＩ企業の肥大化　74／つけは社会と納税者に　75

第3章　岐路に立つ新自由主義政策のトップランナー　三雲　崇正

1　英国におけるＰＦＩ推進政策　80
公共サービス民営化の経緯　80／ＰＦＩの導入　82／ＰＦＩの広がり　82
2　ＰＦ２と英国会計検査院の２０１８年１月報告書　86
ＰＦ２とは何か　86／英国会計検査院の報告　88
3　英国世論の変化とＰＦＩ（ＰＦ２）の終焉　91
ＰＦＩに対する懐疑的な評価　91／英政府によるＰＦ２終了宣言　93
4　完全民営化された公共サービス――水道はどうなったのか――　95
水道事業民営化の経緯　95／水道事業の民営化で何が起こったのか　97
5　英国での聞き取り調査　100
聞き取り調査の概要　100／ＰＦＩの構造的問題点　101／労働組合の視点　102／労働党のＰＦＩ政策――再公営化の検討――　103／小括　105

第4章　日本における公共サービスの私営化の現状　三雲　崇正

1　公共サービスの私営化　110
2　公共施設の指定管理　111
指定管理者制度とは何か　111／指定管理者制度の活用事例　112／いわゆる「ツタヤ図書館」の問題　114
3　ＰＦＩによる公共施設の整備・運営　120
ＰＦＩの活用事例　120／「高知医療センター」と「近江八幡市民病院」の問題　121
4　公共施設等運営権設定（コンセッション）方式による公共施設の管理・運営　126
コンセッション方式とは何か　126／関西国際・大阪国際空港のコンセッション　127／浜松市下水道のコンセッション　129
5　自治体業務の外部委託　132
自治体業務の外部化の歴史　132／自治体窓口業務の外部委託　134／民間委託が抱える問題点　136／地方独立行政法人への委託の問題点　139／外部化の先にある「公共」とは　141

第5章　ＰＦＩとは何か　三雲　崇正

1　ＰＦＩという言葉の意味　148
民間の能力を活用した公共施設の整備　148
2　ＰＦＩの類型　150
ＰＰＰ／ＰＦＩの分類　150／２０１１年のＰＦＩ法改正　152

3　ＰＦＩの分類　154
公共施設等の所有が公共と民間いずれにあるかによる分類　154／事業の費用がどのように賄われるかによる分類　155
4　法的構造　157
事業主体の構成　157／資金調達　158／業務委託契約　159／契約関係　159
5　ＰＦＩ固有の経費　161
コンソーシアム参加企業及びＳＰＣ側の費用　161／公共側の費用　163
6　メリットとデメリット　164
ＰＦＩの特徴に起因するとされるメリット・デメリット　164／メリット・デメリットに対する評価　166／ＶＦＭ（Value for Money）　168／水道事業にコンセッションを導入する際の注意点　170／小括　174
7　政府による地方公共団体に対するＰＰＰ／ＰＦＩ推進施策の押し付け　175
ＰＰＰ／ＰＦＩ推進施策　175／政府が自治体に策定を求める「優先的検討規程」の内容　177／「ＰＰＰ／ＰＦＩ推進アクションプラン」で明らかになった政府の意図　179／２０１８年ＰＦＩ法改正の問題点　181

第6章　水道法改正の経緯と今後

辻谷　貴文

1　水道法の誕生と改正の歴史　188
近代水道以前　コレラの流行など衛生面での問題　188／近代水道の誕生と水道条例の制定（明治23年／１８９０年）　189／水道法の誕生　昭和32年（１９５７年）と地方公営企業制度　190／地方公営企業制度　192／２回の水道法改正（昭和52年）（平成13年）のねらいと効果　193

2　今回の水道法改正（平成30年）　195
水道事業の現状　195／水道法改正（平成30年）の問題点　197／コンセッション（ＰＦＩ）を水道に適用するということ　200／なぜ水道法改正が必要になったのか　202／自治体のモニタリングは困難　204／民間ならではの新たなコストの発生　205
3　海外での水道民営化を取り巻く動き　207
「共としての公営」を求める英国市民　207／水循環や流域・地域との連携　207
4　自治体は水道の将来をどのように考えるべきか　210
地方公営企業とは何か　210／水道事業を「じぶんごと」に　212

第7章　持続可能な水道を目指す　橋本　淳司

1　水道事業の見直しを図る　216
過剰設備の縮小の必要性　216／小規模施設の活用　217／エネルギーの視点から見直す　220／緩速ろ過を見直す　221
2　地域の水政策を見直す　224
水循環の視点で見直す　224／パリの水哲学に学ぶ　225／人材育成こそ持続の要　226
3　住民参加の水道をつくる　229
市民が公共領域に進出する　229／隠されたしくみ　231／まちづくりを住民参加で考える　233

終章　いま日本で起こっていること

三雲　崇正

1　前章までのまとめと本章のねらい　238
2　ＰＰＰ／ＰＦＩ推進施策と水道事業の民営化　240
水道法改正案にコンセッション方式の導入が組み込まれた理由　240／水道法改正とＰＰＰ／ＰＦＩ推進施策の「合わせ技」　243
3　「新たな産業創出」のための個人情報の利活用　245
パーソナルデータの利活用　245／自治体が保有する個人情報利用の流れと懸念　246
4　「公共」の市場化と再構築　248
「公共」の市場化（公から私へ）　248／「公共」の再構築　250

序章

改正水道法の成立と今後のまちづくり

橋本　淳司

1　改正水道法の成立と海外の動き

本書は、改正水道法成立を受け、水道事業の担い手である自治体の首長、議会、職員ならびに市民が、水道事業をはじめとする公共事業について考え、広く議論しながら決定していくための一助になればという思いで執筆された。

執筆者は、オランダ、アムステルダムの政策研究ＮＧＯトランスナショナル研究所で水道再公営化の研究を行う岸本聡子氏、国内外の公共事業、そのＰＦＩ事例を法律家の視点で分析する弁護士で新宿区区議会議員の三雲崇正氏、長らく水道の現場に携わり、現在は水道労働者の組合である全水道書記次長を務める辻谷貴文氏、水ジャーナリストとして国内外の水問題とその解決方法を取材してきた橋本淳司の４名である。

それぞれが得意な分野を分担執筆している。詳細については目次をご覧いただきたい。

改正水道法の成立

２０１８年12月６日、改正水道法が第１９７臨時国会の衆院本会議において、与党などの賛成多数で可決、成立した。

公共施設の運営権を民間企業に一定期間売却する「コンセッション方式」の導入を、自治体の水道事業でも促進する。

コンセッション方式は、行政が公共施設などの資産を保有したまま、民間企業に運営権を売却・委託する民営化手法の1つだ。2011年の民間資金活用公共施設整備促進（PFI）法改正で導入された。「民間ノウハウを生かし、経営を効率化できる」とされ、すでに関西空港、大阪空港、仙台空港、愛知県の有料道路事業、浜松市の下水道事業などがこの方式で運営されている。

その方式が水道事業にも持ち込まれ、実質的な民営化へ門戸を広げることになる。すでに宮城県など6自治体が導入を検討しており、水道事業は大きな転機を迎えた。

高度成長期から整備が広がってきた水道管は腐食が激しく進む。2016年度時点で全国の約15パーセントが耐用年数の40年を過ぎ、漏水なども多発している。耐震強度が不足した浄水場などの施設も多い。そうした老朽施設の取り換えや耐震化の費用が膨らみ、自治体の事業経営を圧迫している。人口減少で水道使用量も減り続け、採算が取れる料金収入を確保できない地域も急速に増えている。

水道事業が赤字に陥る自治体は料金の値上げに踏み切らざるを得ない。住民の負担が増し、経営改善の展望を見いだせない中、政府が打ち出したのが「コンセッション方式による官民連携」だ。

コンセッション方式は、従来の業務委託とは根本的に違っている。

コンセッション方式では「公共施設等運営権」という「物権（財産権）」が民間企業に長期間（20年程度）譲渡されるからだ。

決定的に違うのは、金の流れと責任の所在だ。業務委託の場合、運営責任は自治体にある。水道料金は自治体に入り、自治体から委託先の企業に支払われる。コンセッションの場合、運営責任は民間企業にあり、水道料金はそのまま企業に入る。

一般的に考えれば、権限と金を握ったものがイニシアチブを握るのは自明だ。水道事業に関する権限と金が自治体から民間に移るというのが今回の改正だ。

自治体は管理監督責任をもつことになるが、その責任を遂行できるかどうかは不透明だ。

コンセッションは自治体が企業の活動をモニタリングするのが難しいとされる。契約期間は長期におよぶ。担当が組織の都合で定期異動し、専門的見地から指揮・監督する能力を培うことができない。日本の組織の宿弊といえよう。その場合、たとえば、企業からの変更提案が適切なものか否かを判断することが難しいだろう。海千山千の外資系企業に手玉にとられること必定だし、手玉にとられていることすらわからないかもしれない。

なお、水道法改正の経緯については第6章に詳しい記述がある。

公共事業の民間開放

改正水道法案は、前国会（第196回国会／2018年1月22日〜7月22日）において衆議院で可決された（会期切れで継続審議）が、この国会では改正PFI法も可決成立した。PFIについては第4章、第5章に詳しい記述がある。上下水道事業のコンセッションについては特別に導入インセンティブが設けられた。地方公共団体が過去に借りた高金利の公的資金を、補償金なしに繰上償還できる。改正PFI法と改正水道法は見事にリンクしている。

もともと水道事業のコンセッション方式の推進は、第1次アベノミクスの「第3の矢」として登場した。旗振り役である竹中平蔵東洋大学教授は、「水道事業のコンセッションを実現できれば、企業の成長戦略と資産市場の活性化の双方に大きく貢献する」などと発言してきた。政府は水道事業に関して6自治体でのコンセッション導入を目指したが（2014〜2016年度）、自治体が事業認可を返上する必要があったこともあり、成立はゼロだった。そこで水道法改正案に明記し、特典をつけて優先的に検討することを推奨したわけだ。

こうしたアベノミクスの論調に合わせるように、メディアの多くは「水道事業の危機を回避するにはコンセッションしかない」と報道し、それに同調する首長、地方議員も多かった。

しかし、事業を受託する企業にとっては給水人口が多く、今後も減少しない自治体にこそがうまみがある。したがって規模の小さな自治体の問題は、この方式では解決しない。

それに、コンセッションでの水道事業運営を受託するのは資金力と経験に長じた外国企業になる可能性も高い。2013年4月19日、麻生太郎副総理は、米国戦略国際問題研究所で、「世界中ほとんどの国で民間会社が水道を運営しているが、日本では国営もしくは市営・町営である。これらをすべて民営化する」と発言している。以降、コンセッションの担い手である「水メジャー」は日本に熱い視線を送ってきた。

水メジャー御膝下での異変

水メジャーは、もともとフランス生まれである。シラク元大統領がパリ市長時代の1985年、水道事業の運営をヴェオリア社、スエズ社に任せたことに端を発する。そこから両社は水道事業運営のノウハウを蓄積し、国内市場が飽和すると、トップ外交によって海外進出を図り、地位を確立した。

しかし、御膝元で異変が起きた。パリ市水道が２０１０年に再公営化されたのである。元パリ市副市長のアン・ル・ストラ氏によると「経営が不透明で、正確な情報が行政や市民に開示されなかった」という。実際、民営化が始まってから水道料金は１９８５年から２００８年までに１７４パーセント増。再公営化後の調査によって、利益が過少報告されていた（年次報告では7パーセントとされていたが実際は15〜20パーセント）こともわかっている。

日本の識者の中には、パリ市の再公営化は「数多くのコンセッション事例中のヘンテコなケース」と解釈する人が多い。内閣府の調査「フランス・英国の水道分野における官民連携制度と事例の最新動向について」（２０１６年8月）でも、パリ市の再公営化について以下のように述べられている。

「ヒアリングを対象とした関係者の多くは、政治的な動向に受けた事案と評価」

「否定的な意見も多い」

しかし、肝心のヒアリング先は水メジャー・ヴェオリア社と契約を結ぶリヨン市、リール市などで、パリ市については「日程の調整がつかなかったため」「ヒアリングは実施していない」と明記している。

第1章、第2章に詳細な記述があるが、実際にはパリ市のように一度水道運営を民間に任せながら、再公営化した事業体は２０００年から２０１７年の間に、２６７事例ある。

ただし、再公営化は簡単ではない。譲渡契約途中で行えば違約金が発生するし、投資家の保護条項に抵触する可能性も高い。ドイツのベルリン市では受託企業の利益が30年間に渡って確保される契約が結ばれていた。２０１４年に再公営化を果たすが、企業から運営権を買い戻すために13億ユーロ（約１６９０億円）という膨大なコストがかかった。

ブルガリアのソフィア市では再公営化の動きがあったものの、多額の違約金の支払いがネックとなってコンセッションという鎖に縛り付けられたままだ。

日本の首長の中には「一度民間に任せてダメなら戻せばいい」と言う人がいるが、それほど簡単な話ではない。

英国でのＰＦＩ終了

第３章に詳細な記述があるが、英国ではＰＦＩそのものも疑問視されるようになった。２０１８年１月、英国会計検査院はＰＦＩの「費用対効果と正当性」の調査報告を行ったが、概要は「多くのＰＦＩプロジェクトは通常の公共入札のプロジェクトより40パーセント割高」というものだった。「英国が25年もＰＦＩを経験しているにもかかわらず、ＰＦＩが公的財政に恩恵をもたらすというデータが不足」としている。

イギリスでＰＦＩが進んだのは、ブレア、ブラウンの労働党政権の時代だった。ＥＵの財政規律による制約下で短期間にインフラ整備を行おうとした結果、金融業界に取り込まれた。自治体の財源不足をＰＦＩで克服しようとしている日本の状況に似ている。与党の中には、「日本のＰＦＩ推進は民主党時代に行われた」として、「いまさら反対するのはおかしい」という声が多いが、誰が言い出したものであろうと、失敗例の多い政策を押し進めるのはおかしい。

英国は２０１８年10月29日に「今後新規のＰＦＩ事業は行わない」と宣言した（進捗中のものは継続）。フィリップ・ハモンド財務大臣は、「官民パートナーシップを廃止する。金銭的メリットに乏しく、柔軟性がなく、過度に複雑」と述べた。

かつてマーガレット・サッチャーは、経済の復活と「小さな政府」の実現を公約して保守党を勝利に導き、首相に就任した。市場原理と企業家精神を重視し、政府の経済的介入を抑制。１９８０年代後半から公益事業を次々に民営化し、公共部門への民間参入を拡張。電話、ガス、空港、航空、水道などを民営化した。

ＰＦＩはその延長で「完全民営化に準ずる施策」としてジョン・メジャーの保守政権によって開発され、その後、英国の旗振りのもと、世界各地で採用されるようになった。

１９９０年代後半から２０００年代にかけては労働党政権がＰＦＩを推進。財政が逼迫するなか、老朽化したインフラを短期間に整備するためにＰＦＩに頼った。借金が自治体の財政に表れることのないＰＦＩの導入圧力は強かったのである。まさに日本の現状と非常に似ている。

日本では「欧州のＰＦＩと日本のＰＦＩは違う。日本のＰＦＩは儲かる仕組みにはなっていない」という声もよく聞く一方で「儲からないＰＦＩでは民間にメリットがない。コンセッションが広がるように、事業規模を拡大するなど儲かるＰＦＩに変えていこう」という金融関係者の声もある。

また、欧州で仕事が減少しつつある水メジャーが新たな市場を求める動きにも注目すべきだろう。諸外国の中には、欧州委員会、欧州中央銀行、国際通貨基金によって水道民営化を押し付けられ、その実務を水メジャーが行うケースがある。彼らは水道事業運営サービスを輸出品と考えている。日ＥＵ経済連携協定と、欧州委員会、欧州中央銀行、国際通貨基金が日本の自治体に対して水道運営サービスを売りたい思惑はリンクする。

2 水道法改正後の舞台は自治体へ

コンセッションに前向きな自治体

政府は水道法改正の国会審議で「官民連携の選択肢の1つ。海外のような失敗を防ぐため、公の関与を強めた」と強調した。それに対し野党は「事実上の民営化。生命に直結する水道をビジネスにするべきではない」と批判。厚生労働省が海外の再公営化の動きを3件しか調べなかったことや、施設の維持管理や災害復旧時の自治体と企業の役割分担に関し、野党は「検証や検討が不十分」と批判した。

政府は国による事業者への立ち入り検査などで監視を強めるとするが、そもそもの契約交渉などは自治体任せとなる。

つまり、議論の舞台は自治体へと移る。厚労省によると、浜松市、宮城県、同県村田町、静岡県伊豆の国市が上水道での導入に向けて調査などを実施し、大阪市や奈良市も導入を検討しているという。

宮城県はコンセッション方式を基本とした「みやぎ型管理運営方式」を加速させる方針だ。上水、工業用水、下水の計9事業の運営権を一括して民間企業に売却するコンセッション方式で、2019年9月か11月の県議会に具体的な実施方針を定めた条例案を提出する方針だ。2020年秋に事業者を決め、2021年度中にスタートしたい考えだ。

宮城県は以前からコンセッション方式に積極的で、国に水道法改正を要望していた。臨時国会では村井嘉浩知事が参院厚生労働委員会に参考人として出席して理解を求めてきた。宮城県では、人口減少が進んで水需要が減り、水道事業の年間収益は20年後に10億円減る一方、水道管などの更新費用は計１９６０億円かかり、水道料金の値上げは避けられない。みやぎ方式なら、新技術の活用や薬剤などの資材調達費が節減でき、コストは１割下がると試算。料金の値上げ幅を抑えられるとする。

ただ、県内には懸念の声もある。上水供給の約25パーセントを県から受けている仙台市の郡和子市長は、「さまざまな意見があり賛否が分かれる。説明を求めていく」とし、村井知事が「水道料金の値上がりを抑えられる」と強調している点に触れ「どういう風にしてそうなるのかはっきり聞いていない。詳細を教えて頂きたい」と説明を求めた。県議会自民党会派からも疑問の声があがる。勉強会を開いた自民県議約20人は、県側に「外資は経営方針が変わる危険性がある。本当に大丈夫なのか」「宮城県だけが先行している印象」「雇用は守られるのか」などと懸念した。

大阪市の吉村洋文市長はコンセッション方式について「自治体の選択肢が広がる」と歓迎し、老朽化した水道管の管理や更新に利用したいとする意向を示した。市内の配水管のうち、法定耐用年数の40年を超過した約１８００キロの配水管について、15年のスパンで民間事業者に管理・更新工事にあたってもらうという。大阪市では橋下徹元市長時代に、いち早く水道民営化を計画したが、市議会の反対に遭うなどして改正条例案提出を断念した経緯がある。

名古屋市の河村たかし市長は「民営化をすぐするとは言いませんけど、それに向けて勉強することは重要」

と述べた。河村市長は、市長就任直後から上下水道と交通局の民営化を検討するよう職員に指示していたと説明し、「民営化の良いところは価格競争をするところ」「もっと（料金を）下げられるんじゃないかと追求すべき」と述べ、また、今回の法改正について事務方が用意した想定問答では「現時点でコンセッション方式の導入は考えていない」と書いてあったが、その通りに発言しなかったことも明かした。

反対や懸念を表明する自治体

その一方で反対や懸念を表明する自治体もある。

国会での改正水道法審議に際し、福井県議会は「水道法改正案の慎重審議を求める意見書」、新潟県議会は「水道民営化を推し進める水道法改正案に反対する意見書」を提出している。

前者は9月14日、福井県議会において可決された。同意見書には以下のような記述がある。

「水道事業の運営が民間事業者に委ねられることになった場合、日常の給水事業はもとより、災害の復旧活動においても、国民生活に少なからず影響を及ぼす可能性がある」

「海外の事例を見ても、水道事業を民営化したボリビア等では、グローバル企業の参入によって水道料金がはね上がり、国民の反発によってグローバル企業は撤退し、再公営化されている」

「水道法の改正に当たっては、国民への丁寧な説明を行うとともに、国会で慎重審議を行うよう強く要望する」

一方、後者は10月12日、新潟県議会の自民党を含む超党派が賛成（公明党は反対）し採択された。同意見書には以下のような記述がある。

「コンセッション方式の導入は、災害発生時における応急体制や他の自治体への応援体制の整備等が民間事業者に可能か、民間事業者による水道施設の更新事業や事業運営をモニタリングする人材や技術者をどう確保するのか、などの重大な懸念があり、住民の福祉とはかけ離れた施策である。また、必ずしも老朽管の更新や耐震化対策を推進する方策とならず、水道法の目的である公共の福祉を脅かす事態となりかねない」

「水は、市民の生活や経済活動を支える重要なライフラインであり、国民の生命と生活に欠かせない水道事業は民営化になじまず、今般の水道法改正案は、すべての人が安全、低廉で安定的に水を使用し、衛生的な生活を営む権利を破壊しかねない」

神戸市の久元喜造市長は、改正法成立後に、同方式を採用しない方針を示した。「早くから水道事業に取り組んできた神戸市では、優秀な職員が事業を支え、経験やノウハウが継承されてきた。必要な部分は民間委託をするが、基本的には現時点の方式を維持することが大切ではないか」と述べた。

青森市の小野寺晃彦市長は「コンセッション方式の導入は考えていない。市の水道は今でも検針などを民間に委託している。官民連携は大きな方向として大事なこと。当面、現状の形でより良い水道事業にするよう努力していく」と述べた。青森市は水道供給を始めてから110年目。市企業局水道部によると、老朽化した水道管は計画的に更新しており、今後も同様の対応をしていくという。

長野県議会は「水道事業への民間企業の参入を進めるに当たり、慎重に対応するよう強く要請する」との文言を盛り込んだ政府への意見書案を、自民党県議団を含む全会一致で可決。県議会事務局を通じて安倍晋三首相や衆参両院議長ら宛てに提出した。

この意見書では「外国では民営化で利益を優先した結果、水道料金の高騰や水質の劣化といった問題が生じ、再公営化される事例が増加している」と指摘。「水道は国民の命や生活を守る最も重要なインフラ」とも強調し、自治体が水道事業を維持できるように十分な財源の手当などを求めた。

まちづくりの議論のために本書を

水は自治の基本である。水なしでは生きていけない。事業として儲かる、儲からないに関わらずあらゆる人に水は必要不可欠だ。今後は市民も参画し各自治体で慎重な議論が必要だ。これまで市民が水道に求めていたものは「おいしさ」「安さ」だった。だが地元の水道をいかに維持していくかを考えなければならない。

水道以外の公共インフラも老朽化が進む中、国や自治体が主導し、道路、橋梁、上下水道など、個別に対策している。しかし、インフラを「いかに維持するか」という視点では根本的な解決につながらないだろう。まずは、人口減少期における「都市のあり方」を見直す必要がある。

都市はそこに集まる人たちが「豊かな生活」を実現するための「手段」といえる。たとえば、モノやサービスを交換する役割、集まったモノやカネを再配分する役割をもっているが、そのあり方は多様であってよい。

インフラは本来都市を「下支えするもの」である。都市住民が豊かになるためのインフラを模索することが大切だろう。

今後の都市を考えるうえで、まずは大きな構造変化をおさえるべきだろう。

1つ目は、人口減少社会の到来。

少子高齢化が進み、土地の需要が減る。都市部では需要が横ばいになり不動産価格は緩やかに低下するだろう。郊外や地方では人口減少が激しくなり、空き家が増え、不動産価格は大きく下落するだろう。

2つ目は、未利用地化した土地がまだら状に増えていくこと。

市街地、市街化調整区域、農地、いずれの場所でも未利用地が増えていく。また、固定資産税に比した収益を上げることが難しくなっていく。こうなると土地や住宅を所有する意欲が減少する。

今後は多様な住民で集まり、まちづくりを検討する必要がある。

これまでのように、行政が住民に説明するというスタイルではなく、人口動態、土地利用状況、財政など客観的な情報を、行政、住民で共有しながら一体となって考える必要がある。

都市のなかに、まだら状に空き地が増えることを考えると、さまざまな施設が小さな規模で分散型に存在し、その総和によって住民の満足度を高める工夫が必要だ。


これまでのように経済成長だけを豊かさと考えず、さまざまな価値観を実現するために、多様なライフスタイルを実現できる成熟したまちをつくっていくという考えが重要になるだろう。

まちづくりが変われば、公共インフラのあり方も変わる。

設備を維持するという発想から、どの設備を残し、どの設備を失くすかという議論は当然起きる。大規模で効率的な設備から、小規模で分散型の設備が選択されることもある。こうした可能性については第7章に詳述した。

いずれにしても都市の役割を再考し、多様な意見をもちよりながら、自分の住むまちの方向性を決めていく必要がある。それによって水道をはじめとするインフラのあり方、公共事業のあり方も変わるはずだ。

当然ながら国の関与も大切だ。水道事業を所管する厚労省と水源ダムの建設費を水道料金に上乗せする国交省との縦割り行政を改め、水保全、災害防止のための森林整備も含め、省庁一丸となって「水循環の健全化」に取り組むべきだ。目先の財政負担を軽くすることよりも、100年先を見据えた対応が必要であり、水道事業の健全化、水循環の健全化への国民的な議論が必要だ。

本書が開かれた議論の参考書となることを強く望む。

第1章

公共の私営化の現状と未来

岸本　聡子

1 英国の現状

日本では「新自由主義の歌」が響くが…

２０１６年、英国野党・労働党の党首選挙でジェレミー・コービン氏が勝利し、同党のリーダーシップを刷新することがなければ、私たちは英国で公共サービスの民営化、ビジネス化によって公的資金と利用者の料金が株主や金融界に吸い取られる仕組みを克明に知ることはなかったかもしれない。

少なくともＰＰＰ（連携）やＰＦＩ（プライベートファイナンスイニシアチブ）はその曖昧でポジティブなイメージを保持したまま、学校や病院の建設、刑務所の管理、公共施設やインフラ整備、上下水道の管理運営、ごみ回収、図書館やプールの運営など、議論もないままに私たちの生活により広く深く浸透していったであろう。

この流れが変わったわけではないが、少なくとも私たちはかつてよりも多くの批判的な検証材料を手にしている。

公共サービスやインフラをどのように運営するかは、子どもや孫の世代にまで影響する重要な決定だけに、現世代の責任は大きい。本書が地方自治の現場で、市民、議会、職員、地域社会が話し合うための一助になってほしいと願う。

「公的セクターは効率が悪く、職員は多すぎるし人件費は高すぎる。民間でできることは民間で行い、企業が得意とする効率化で経費を削減し、国庫や地方財政の公的支出や借金を抑え、さらに技術革新やイノベーションを呼び、経済を発展させる」

日本でも世界の多くの国々でも、このような「新自由主義の歌」が歌われ続ける。この歌を具体化するプログラムの1つがPPPやPFIを使った公的サービスの民営化である。首長や議員は包括的委託やPPPによって、どれだけ支出が削減できるか説かれ続けている。反対すれば近代化に反する頑固者のように扱われるかもしれない。

このプログラムの提唱者であり、世界で一番広く深く実施した英国で、30年を経ての「成果」がはっきりと見え始めた。ドイツ、フランス、スペイン、カナダ、北欧諸国もそれに続く。株主や経営トップ、金融セクターにとっては素晴らしい成果だった。

英国の労働党は2017年の選挙で、マニフェストに水道、電力、鉄道、郵便の再国有化を掲げた。政権与党の保守党が地盤固めをするために行った選挙は、皮肉にもコービンが率い、社会主義的政策を掲げる労働党が政権交代には至らなかったものの大躍進を果たした。

今日の英国政治については他の章に譲るが、若年層が圧倒的に支持した労働党の要の政策が、前述の公共サービスの国有化だったのだ。

次項から、英国の水道をもう少し細かく見てみよう。英国は水道を完全民営化した世界でも珍しい国（あとはチリとマレーシアのみ）である。完全民営化とは水道の運営権だけでなく水道施設すべてを民間会社に売却することである。とはいえ水道は自然独占（競争が起きない）なので公の関与は水質や価格の規制機関として残る。

英国の水道完全民営化

イングランドとウェールズは水道完全民営化に先駆けて、169の水道事業、1300の下水道事業を河川流域でまとめ、10の国営地域水管理会社に統合し、それらが1989年に完全売却された。

英国での水道完全民営化と日本での運営権売却を直接比べるのは無理があるとはいえ、英国の究極の民営化が社会にもたらしたものは強烈であり、世界は教訓を学ぶべきであろう。

完全民営化から約30年が経った現在、水道事業が完全に金融化され、利用者が払う水道料金の多くが水道事業への投資を回避して、企業の株主配当へと消えたことが明らかになった。

2014年頃から、英『ガーディアン』紙が民間水道事業について批判的な報道を始めた。数年後の2017年9月、新自由主義的な政策に親和性の高い経済紙『ファイナンシャルタイムズ』が「水道民営化は組織的な詐欺の様相[1]」という衝撃的な報道をし、それを皮切りに数々の記事で、民間水道事業の実態を書き始めた。

最新は2018年10月12日の「投資家は消費者が払う民間水道の借金で潤う[2]」である。

マーガレット・サッチャーが水道事業を売却してから28年、10のイングランドとウェールズの水道会社は合計で510億ポンド（約7・7兆円）の債務を持つに至った。この間10社は合計で1230億ポンド（約18兆円）の資本投資を行ったが、資本投資と運営費を差し引いた収益の累計は360億ポンド（約5・3兆円）である。

つまり水道企業はまったく借金をせずとも投資を回収し、水道運営費を捻出できた。必要のない借金に利子を上乗せした返済に、水道利用料金が使われ続けた。この政策の恩恵を受けたのは民間水道会社の株主たちである。借金を資本投資返済に充てることで、同期間に合計560億ポンド（約8・2兆円）の株主報酬を払うことができたからだ。

この記事の元となったリサーチを発表したのは長年にわたって水道や他の公共サービスの民営化の批判的研究を行ってきた、ロンドン・グリニッジ大学の国際公務労連リサーチユニット（PSIRU）である。英国の民間水道事業のスキャンダルな実態は「英国は規制機関OFWAT（オフワット）が機能しており水道民営化の成功例である」と妄信的に言い続けてきた責任ある日本の識者や専門家たちにさすがに届いているはずである。

日本が水道を完全民営化することはいまのところはないが、残念ながらまったく安心してもいられない。英国はPFIを生み出した国で、日本の政策に多大な影響を与えている。

コスパOK？

「民間資金等の活用による公共施設等の整備等の促進に関する法律」いわゆるPFI法は日本では1999年の制定以来改定を続け、2018年6月には地方自治体が運営する公共インフラの民間への売却をさらに促すための改定が行われた。内閣府や梶山弘志衆議院議員は英国のＰＦＩから、支払ったお金の最大のパフォーマンスを追求するＶＦＭ（バリュー・フォー・マネー）を学んだそうであるが、すでに当の英国では学校、病院、道路、住宅建設や刑務所運営、交通システムなどに大々的に使われたＰＦＩの様々な問題が明らかになっている。

２０１８年、ＰＦＩ巨大企業カリリオン（第2章参照）の倒産の直前に発表された英国会計検査院（ＮＡＯ）の費用対効果と正当性の調査では、多くのＰＦＩプロジェクトは通常の公共入札のプロジェクトより40パーセント割高であると報告したうえで、英国が25年もＰＦＩを経験しているにもかかわらず「ＰＦＩが公的財政に恩恵をもたらすというデータが不足」と報告した。英国民はたとえ新しいＰＦＩプロジェクトを１つも行わなくても、この先25年間、２０００億ポンド（約29兆円）をＰＦＩ契約に支払うことから免れない。[3]

第2章に詳述するが、ロンドン地下鉄の例は実に興味深い。

１９９７年、当時政権与党だった保守党はロンドンの地下鉄近代化のために完全民営化を提唱した。その後選挙で勝利したトニー・ブレア率いる労働党政権は完全民営化に反対し、当時は新しい言葉で流行になりつつあったＰＰＰをオルタナティブとして提案、実施した。

公的機関が施設資産を保持したままという事実が強調されるとき、ＰＰＰという言葉が好んで使われるようだが、企業と契約を結び、企業が資金調達、投資をして利用料金から投資を回収するという仕組みはＰＦＩと同じである。

ロンドン地下鉄ＰＰＰはＶＦＭどころではなく、夥しい公的資金の喪失として幕を閉じ、最終的に２０１

0年に再公営化された。私が見た限り、このときファイナンシャルタイムズ紙は、PPPプロジェクトの失敗を検証する記事をまったく書いていない。業界紙以外で私が見つけることができたのは2009年末のガーディアン紙の1記事のみである。同記事で「PPPプロジェクトが不可解で複雑なために、この10年で最大級のスキャンダルは気づかれることも批判されることもない(4)」と述べられているように、失敗は都合よく黙殺された。

それから8年経った今、英国だけでなく欧州各国でもPFIやPPPといった民営化のスキームは厳しい批判にさらされている。英国の有権者の83パーセントが水道の再国営化を支持し、鉄道、郵便、電力などの重要なサービスの公的管理を取り戻すことが、野党の政治のテーブルの真ん中にある。労働党は政権を取った第1日目から新しいPFIを行わないことを公言している。

2 世界各地で進む再公営化

2015年調査で235の水道再公営化

公共サービスの再公営化は民営化の失敗を映す鏡といえる。

私はオランダ・アムステルダム在のNGOの仕事の中で、2007年から細々と水道再公営化の事例を集めてきた。再公営化～かつて民間企業によって所有、提供されたサービスを公的な管理とマネジメントに戻す地方政治の過程～に注目したのは、水道民営化の問題点や欠点を明確に表現していることがわかったからだ。

問題は料金の高騰だけではなかった。特に水道施設の普及や個別世帯への水道接続が行き渡ったヨーロッパ各国では、経営の不透明性、議会の政策コントロールの低下、専門の知識や人材の喪失による監視能力の喪失、契約企業との紛争とそれに関わる膨大な法的費用、自治体に不利な契約書、サービス供給費用の高騰にもかかわらずサービスの質の上昇が伴わない、などが地方議会の再考を促す要因であった。

多くの場合、このような問題に政治家や議会自らが気づいたわけではなく、サービス利用者である市民やサービスを提供する労働者たちが勉強し、調査し、話し合い、粘り強く声をあげてきた結果である。

私は、2015年の水道再公営化調査の結果、235事例を確認し、水道サービスの所有形態（民営から公営へ）の影響を受けた人口は1億人以上であると発表した。

民営化によるコスト削減や効率性を唱え、過去30年以上かけて多くの途上国で民営化を受け入れるための法改正のコンサル役や融資役として尽力してきた世界銀行などの国際機関は、再公営化の顕著な傾向を黙殺した。

新自由主義を妄信的に信じていない機関や人々の間で、この調査の反響は予想以上に大きく、次の調査に発展した。

２０１７年調査で２６７の水道再公営化事例

その２年後の２０１７年の調査では、世界33か国で２６７の水道再公営化事例を確認した。

２度目の調査は水道サービスだけでなく、実験的ではあるが他の重要な公共サービスの再公営化も含めた。その分野は、電力、地域交通、ごみ回収、教育、健康・福祉サービス、自治体サービスである。自治体サービスには公共施設の運営、公園など公的スペースの維持管理、警備、清掃、給食サービスなど自治体が提供する多岐にわたるサービスが含まれる。

結果的には合計で８３５事例が世界中から集まり、１６００以上の市町村が再公営化に関わったことがわかった。２度目の調査の際は様々な理由から国有化を除き、地方自治に焦点を当てた。ちなみに英語ではRemunicipalisationという言葉を使っており、Municipalityは「自治体」なので「再び地方自治体にサービスの所有と運営を戻すこと」を意味している。

水道サービスについていえば、地方分権化しない国々では否応なく再国有化となり5か国5事例があった（ガーナ共和国、マレーシア、マリ共和国、ガイアナ共和国、カーボベルデ共和国。最近では、2018年5月カメルーン共和国が再国有化を果たした）。

公共サービスをめぐるお国事情はそれぞれだし、分野それぞれに特性があり、支配する法律も違い、それらを一緒に検討する複雑さや困難さを避けることはできない。

たとえば、ドイツが電力の再公営化事例の大部分を占め、かつ地方自治体が、電力供給だけでなく送電線の所有変更までできるのは、ドイツにおいて地方自治体の裁量が大きく、それを許す法律があるからである。ドイツでは全部で284の電力セクターの再公営化事例があるが、そのうち166ケースは電力とガスの送電線コンセッションを、9ケースは電力供給サービスのコンセッション契約を解除していずれも自治体の公的所有に戻した。それに市営電力会社の新設109件（これを公営化と呼んでいる）が加わる。

日本でも同様だが、電力供給サービスは自由化されているので、自治体企業としての新規の参入も可能である。一方送電線は独占状態なので、その所有の変更は政治的判断であるし、垣根は高い。送電線の所有者が電力供給政策の鍵を握っているのだ。送電線の自治体による買い取りは、フランスやスペインでは法的にできない。

契約満了にともなう再公営化が67パーセント

多くの国の民営化の形態は、資産を公的な所有に残したまま運営権を売却したり、リースしたりする方式で、これは数年から数十年の自治体と企業の契約による。

日本で議論されているのも運営権の売却を核とするコンセッション方式だ。契約なので原則的には途中でやめることもできるし、満了になれば契約を更新しないという方法でやめることもできる。

実際に再公営化事例の67パーセント（445件）で、地方自治体が契約満了を機に、民間企業との契約を再更新しない手法を取っている。

民間企業との軋轢を避けるため、地方自治体が契約満了までその機を待つことは理解に難くない。民間セクターとの契約が満了するまでの数年間のうちに、自治体が移行計画を立てるというのも戦略的に理にかなっている。

20パーセントの事例（134件）では、満了以前に自治体が民間契約を打ち切ったが、これは自治体にとって困難な方法であり、自治体と企業間の紛争の原因ともなりうる。水道（35パーセント）及び交通セクター（26パーセント）で比較的高く契約破棄が発生している。

これは、違約金や中途解約による損益の補填を民間企業が求めるため、自治体にとって大きな出費となったとしても自治体が民間企業と対峙し、確固とした行動に出たことを意味する。こうした事例では、民営化により発生した問題が、契約を履行するにはあまりにも大きかったことを示す。

世界全体を見ると電力（311事例）、水道（267事例）セクターで再公営化が一番多く見られる。約90パーセントの電力サービスの再公営化事例は、野心的な再生可能エネルギーへの転換政策で知られるドイツ発である。

水道については巨大水企業スエズとヴェオリアの本拠地であり、民営化の歴史が一番長いフランスが、最多106事例で先頭を切っている。多岐にわたる地方自治体サービスが、イギリス、スペイン、カナダをはじめとする国々で公的な管理に戻っている。健康・福祉サービスについては半分以上がノルウェーなどのスカンジナビアの国々から報告された。

再公営化は特にヨーロッパ各国で顕著で、ほぼすべての国、セクターから事例が報告された。

再公営化を求めるヨーロッパでの運動は、公共投資や公共サービスへの支出を減らす緊縮財政政策への反動として、市民生活に不可欠なサービスの行き過ぎた自由化や企業による乗っ取りへの対抗として現れている。

しかしながら再公営化という現象は、必ずしも政治的な運動や、革新政党、左派政党の政治政策の帰結として起きているわけではない。事実、調査を通じてわかったことは、再公営化は様々なカラーの政党が主導しており、またしばしば与野党を超えた協議の結果として選択される。

再公営化にまつわる対立は、地方政治の中の政党対立よりも、地方自治対中央政府または欧州連合の形で現れることが多い。

地方議会や市職員が毎日の市民の基本的なニーズに応える直接的な使命を担っているのに対し、中央政府または欧州連合は緊縮財政政策による公共サービスへの支出のカットを容赦なく強要する構図がその背景にある。

3　民営化という神話

効率的ではない民営化

民営化や官民連携の推進論者は、この政策によって公共サービス運営が効率的になり安くなるとしきりに訴える。

しかし、この主張はこれまでの研究でも、この調査でも覆されている。サービス運営を民間会社に委託する際、必ず余分なコストが生じるのは、親会社やその株主たちへの支払いが即座に発生するからだ。

また、インフラ整備の分野のPPP契約はとても複雑なため、複数の法律事務所や会計事務所が関与する。PPP契約で弁護士や会計士は大いに儲かるが、市民にとって税金が効率的に使用されているとはいえない。

数々の自治体の経験が、自治体直轄のサービスは高いという神話を壊している。

2010年にパリ市が水道サービスを公営化したが、新公営事業体は即座に4000万ユーロ（約52億円）の支出を削減できた。この料金はかつての民間事業体の親会社に毎年支払われていた金額である。

イギリスのニューカッスル市では、電車交通のシグナルシステムの近代化のための光ファイバーケーブルへの交換が、1100万ポンド（約15・7億円）で再公営化後の自治体下の新チームによって行われた。同じ仕事を民間に委託した場合、プロジェクト総額は2倍以上の2400万ポンド（約34・2億円）と試算された。

ノルウェー第2の都市であるベルゲンでは、近年2つの高齢者福祉施設を自治体直営に戻した際、100万ユーロ（約1・3億円）の損失が予測されたが、実際には50万ユーロ（約6500万円）の黒字となった。スペイン・アンダルシアの小都市シクラーナでは、民間委託していた3つの自治体サービスを自治体直営に戻した際、200人の民間企業の労働者を自治体職員として再雇用した。人件費は増加したが、全体として市は16～21パーセントの予算削減ができた。

民間委託による企業の株主への配当がなくなることで、税金を直接効果的に使い、労働者の権利を守りながら高い質の公共サービス提供が可能であることをこれらの例は示している。

民間契約は変更も停止も難しい

PPP契約は、「公庫を空っぽにすることなく、また国や自治体が新たに借金することなく、容易に公的インフラのファイナンス（資金調達）ができる」と自治体や政府に忍び寄る。途上国政府にも同様である。PPPによる民間企業の資金調達（債務）は自治体のバランスシートに表れない。

しかし、自治体は民間の高い利子を上乗せして返済しなければならないため、長期的には自治体や国にとって高くつく結果になる。PPPは本当のコストと責任を隠すことで、「お得」もしくは「より安い」との幻想を意図的につくり出す。これで政府機関の政策決定者を容易に説得できるだけでなく、借金にならないとの幻想は必要がないレベルの大規模で高額なインフラ投資をも決定させてしまう危険性がある。

増加する再公営化の数は、民営化やＰＰＰが約束した成果を出さず失敗した現実を反映している。再公営化は民営化やＰＰＰの失敗に対する自治体や市民の協同の対応策ということができる。

国際的な経験からのもう1つの重要な教訓は、民間契約はその変更も停止もひどく難しいことだ。ひとたび契約が交わされれば、企業はあらゆる方法で公的機関を契約条件に縛り付けることができるし、それを変えようとすれば公的機関はすべてのステップに膨大な出費を余儀なくされる。契約を途中で停止したり、満期になった契約を最更新しないとき、自治体や国は甚大な出費との困難な闘いを覚悟しなければならない。つまり、再公営化の研究から学びうる最大の教訓は、最初から公共サービスを民営化しないことである。

4　次世代型の公設公営公共サービスは可能だ

国連で表彰されたパリ市公営水道

２０１０年のフランス、パリ市の水道再公営化はグローバル水道企業のお膝元で起こったため象徴的な存在であった。再公営化から約10年が過ぎようとしている現在、パリ市の公営水道運営が世界を魅了しつづける理由は、再公営化後の様々な成果や、常に革新的なイノベーションに挑戦する公営企業の姿勢である。

少し歴史を遡ると、パリ市の水道事業は１９８５年より民間企業がコンセッション方式などで運営を行うようになった。契約期間の25年間、経営は不透明で、不満に思った市議会が、運営や経営の情報を企業から得ようとしたが、それは極めて困難だった。当時緑の党選出の市議で再公営化の過程のリーダーシップを取ったアン・ル・ストラ氏は、再公営化後の調査で利益が過少報告されていたことを知ったという。7パーセントと報告されていた営業利益は、実際には15～20パーセントだった。専門の職員も部署も失った市行政や市議会は企業からの報告を信じる以外になかった。

首都パリ市での話である。コンセッション契約であろうと公的な監視や管理が及ぶので大丈夫と言っている日本の政策担当者はあまりに楽観的で無責任である。

パリ市には公共財である水道は公共サービスの管轄に属し、自治体の制御のもとにおかれなければならないという信念があり、再公営化の準備を数年かけて行った。新市長の下、水道事業はそれまで分断されていたサービスが統合され、2010年にオー・ド・パリ社（100パーセント公営で市による管理。株主はなし。独自の予算を持った半独立の法人）として再出発した。

再公営化のためにかなりの費用がかさんだにもかかわらず、翌年には、民営化時代よりも4000万ユーロ（約51億円）を節約でき、2011年に水道料金を8パーセント下げることができた。その理由は、

・組織の簡略化、最適化が実行できたこと

・株主配当、役員報酬の支払いが不要になったこと

・収益を親会社に還元する必要がないこと（グローバル企業の巧妙な財政技術から解放された）

などである。

2013年のフランス地方裁判所監査院の監査が再公営化後初めての外部監査であったが、オー・ド・パリ社は政策とパフォーマンス両面で高い評価を得た。2017年6月、同社は国連の「国連公共事業賞」を「透明性、アカウンタビリティ（説明責任）、インテグリティ（整合性）ある公共事業」部門で受賞している。

「パリ市の再公営化は政治的な動きであった」と左派政権によるペットプロジェクトのような過小評価をする声が日本でもよく聞かれた。それに対し、アン・ル・ストラ氏が2018年に日本で講演したときの回答が明快であった。

「再公営化が政治的なら民営化も同様に政治的です」

オー・ド・パリ社の現在進行形の取り組みは、2018年9月、同社業務部長であるベンジャミン・ガス

ティン氏の日本での講演で、さらに詳しく伝えられた。同社は料金値下げをしながら、高い投資を続けていることも評価されている（施設投資年間7500万ユーロ、75パーセントが自己投資）。

さらに同社は、公的な存在として様々な領域での公共政策への貢献を企業倫理の中心に据えており、長期的な人材や環境保全への投資を戦略的に行う。公共政策は洪水管理、生物多様性、持続可能な農業、持続可能な地域開発、循環型経済、食料の地産地消に及ぶ。国際的には持続可能な開発目標（SDGs）や気候変動枠組条約パリ協定に貢献する。

最近では、水道水にガスを注入した炭酸水の無料飲水機の第10号を設置した。無料飲水機の設置はペットボトル入りのミネラルウォーターの代わりに水道水を提供し、プラスチックごみを減らすのが目的だ。水道水、炭酸水の無料飲水機は猛暑となった2018年夏は多くの市民や観光客に喜ばれたことだろう。

この政策は環境負荷が非常に高いペットボトルの使用量、廃棄量を減らすだけではない。無料飲水機や街のいたるところにある1200の公共噴水もオー・ド・パリ社が管轄する大事な施設だ。これらは路上生活者や厳しい状況を迫られる難民にとって大切な命綱であり、これらの人々の水を得る権利を守っている。

また、市民、専門家がパリの水について討議するパリ水オブザバトリー（観測所）を設置した。これは単に市民のフォーラムではない。パリ水オブザバトリーは市民参加や利用者の関与を追及する恒久組織として、オー・ド・パリ社の企業ガバナンスに組み込まれている。同社は、パリ水オブザバトリーに対し、すべての財務、技術、政策情報を公開しなければならず、経営陣と代表市議は、パリ水オブザバトリーの会合に参加する。すなわち利用者と公営水道事業社をつなぐチャンネルとして機能している。

さらにパリ水オブザバトリーから選出された代表者は、オー・ド・パリ社の意思決定機関である理事会の構成員でもある。参加型統治ともいわれるこのモデルは、再公営化したフランスのグレンノーブル市やモンペリエ市でも導入され、他の国々の公営水道運営にも影響を与えている。

再公営化したパリ市やオー・ド・パリ社を讃えるのが重要なのではない。パリ市は公共サービスや公営企業が非効率で硬直しているというイメージを塗り替え、公営企業が業界のリーダーシップを取れることを実践で示した。公共利益や福祉の増進が目的である公営企業だからこそ、野心的な社会・環境目標を追求できる戦略的な存在だということをわかりやすく証明したのである。

民営化ではなく民主化を

パリだけでなく再公営化を果たした多くの都市や公営企業体が、参加型統治や組織改革に取り組むのは、民営化の苦い経験を通じて、自治体や公共サービスの価値や意味を見直す機会に否応なく直面したからだ。すべてのケースで再公営化後に未来型の公共サービス創出を実現したわけではないし、説明責任、透明性といった公共の基本的な価値を実現しようとしても長年の新自由主義的なセクター改革（法律、規制、組織、人材、雇用）の根は深く、一度失った公的な価値や文化を再構築するのがいかに難しいかも多くの自治体は思い知らされている。

公的セクターは公的セクターであるという理由で民主的なのではない。公的セクターは絶えず公共の利益を実現するために自己改革を続けることで、本来持っている民主制を発揮できるのである。

貴重な公的資金や利用者料金が株主配当や企業内留保に吸収される民営化モデルを、わざわざ試す必要がないことは、世界の多くの経験が教えてくれている。お試しの価格の代価は高く、20〜30年は拘束されることを覚悟しなくてはならない。

それよりも、民営化の圧力を逆手にとって、公共サービスの民主化について議論する道を開いていくことを提案したい。市議会、自治体、公営事業体、それらに従事する労働者は、地域に議論を開いていける存在である。公のイノベーションの源は地域の人々とその専門力、地域資源であり、それらの無限ともいえる可能性が常に周りに存在することを再確認したい。これは民間企業にはない強みなのだ。

政策担当者は「人口減少によって水道料金の収入は減少し、老朽化した水道施設の更新ができないから民間活力利用が必要」と例外なく言う。

私たちは証拠を提示してはっきりとこの前提から覆そう。公ができない（儲けの上がらない）難題を（儲けを出さなくてはいけない）民間に期待するのはナンセンスだ。老朽化した水道施設の更新や基礎的な自治体サービスをファイナンスする資金がないのではない。このような重要な分野で、株主配当や高い金利を長年にわたって払う無駄使いをする余裕がないのだ。民主的な議論で地域の優先順位を決めて効率化を図り、公的資金で公共サービスをファイナンスすることは可能である。

公的なサービスは独占的な性質なので、安価に提供しても特に大都市では収益が上がる。収益が上がらない人口の少ない地域に分配（内部補助システム）できるのも公的サービスの強みである。収益の上がらない地域のサービスを停止するのが企業と市場の論理であるのに対して、公的なサービスは選択ではなく権利なので内部補助が正当化される。

無駄のない公共サービスは内部補助をしてもなお、その収益を社会と未来に投資できる。企業に借金を払い続ける未来ではなく、子どもや孫の世代が享受できる持続可能な公共サービスの在り方を見つけなくてはならない。シンプルかつ現実的な公共のビジョンは民営化やコンセッションのからくりを暴くだけでなく、その圧力に抗する効果的な戦略となる。

【参考文献】

1　Financial Times, Water Privatisations looks little more than an organised rip-off, September 10, 2017 by Jonathan Ford

2　Financial Times, Investors benefit from water groups' borrowing at expense of customers, October 12, 2018 by Gill Plimmer and Jonathan Ford in London

3　The Guardian, Taxpayers to foot £200bn bill for PFI contracts – audit office, 18 January 2018 by Rajeev Syal [https://www.theguardian.com/politics/2018/jan/18/taxpayers-to-foot-200bn-bill-for-pfi-contracts-audit-office]（最終検索日：２０１８年10月21日）

4　The Guardian, Tube PPP reaches the end of the line, 18 December 2009 by Christian Wolmer [https://www.theguardian.com/commentisfree/2009/dec/18/tube-ppp-upgrade-london-underground]（最終検索日：２０１８年10月21日）

第2章

事例　世界各地で進む再公営化の流れ

岸本　聡子

1　電力送電線、ガス配給ネットワーク　ハンブルグ市（ドイツ）

エネルギーシフトしたい！

ドイツ北部のハンブルグ市（人口約176万人）が電力供給の送電線とガスによる長距離暖房システムを民営化したのは2000年である。折しも再生可能エネルギーへの変換を求める世論は高まりつつあった。ハンブルグ市は海に近く、風力発電に適しているにもかかわらず、再生エネルギーの生産は低くとどまっていた。そして民営化された電力市場で、民間企業（スウェーデン多国籍企業ヴァテンフォール（Vattenfall））はこのような世論に応えることはなかった。

この状況を変えるべく、保守と緑の党連合の地方政権は2009年、ハンブルグ公営水道局の元に独立性のある子会社として、公営の「ハンブルグエネルギー」という電力供給会社を設立した。そこでは再生エネルギーの供給を中心課題とした。ハンブルグエネルギーの労働者は市水道局の労働者と同様の労使協定で守られ、民間の電力会社よりもよい賃金、労働条件を享受できた。

ハンブルグエネルギーの顧客数は短期間で急成長したものの、2016年の時点で人口の6・7パーセント（12万5000人）にとどまった。従来のヴァテンフォールは依然としてハンブルグ市の電力市場の70パーセントという大きなシェアを占めていた。

公営ハンブルグエネルギーの設立は、電力供給の部分的な公的管理の導入には成功したが、再生エネルギーの野心的な拡大を目指すハンブルグ市民は、それでは満足しなかった。結局のところ、送電線の所有者が電力供給の戦略を握るからだ。

そこでハンブルグ市民は送電線とガスによる長距離暖房システムの再公営化を目指して運動を始めた。再公営化を目指す市民運動は、送電線の再公営化によって再生エネルギーの供給量を劇的に拡大すること、再生エネルギーを効率的に送電するための投資を可能にすることを中心課題に据えた。さらに電力事業から生まれる利益は、多国籍企業にではなくハンブルグ市に還元されるべきだと説いた。

再公営化をめぐる住民投票

２０１１年、教会、消費者協会、石炭火力発電に反対する環境団体など、多様な市民運動組織が連合し、「送電線の再公営化を求める住民投票」を要求する運動をスタートさせた（興味深いことに、従来の高い電気料金や社会的な側面（電力貧困といった支払いができない世帯の問題）は、住民投票要求運動では、それほど課題として取り上げられなかった）。住民投票の要求は支持を獲得し、50団体と多くの個人からなる市民連合へと発展した。

これに対し、再公営化を求める住民投票に反対するよう呼びかける運動もいち早く組織された。推進したのは、企業業界団体を背景に持つ民間電力会社、新自由主義的な政策を推進する市長、既存の政党などである。

図2-1　2013年9月、ハンブルグ住民投票　Photo by UNSER HAMBURG – UNSER NETZ

ドイツ最大の労働組合ヴェルディ（Verdi）とIGメタル（IG-Metall）は、再公営化反対キャンペーン（ヴァテンフォールが組織して主要な政党が支持した反対運動。通常の集会やビラ、再公営化はとても高くつくという宣伝、ヴァテンフォールが信頼に値する友好的な会社であるという電波を使った広報活動など）の効果もあり、再公営化をめぐって立場が割れた。

一般的にサービス分野の労働者を広く組織するヴェルディ（組合員約200万人）はサービスの公的所有と管理を支持しており、たとえばロストック市の水道事業の再公営化では賛成したうえ、積極的な役割を果たした。しかし、ヴェルディのハンブルグ支部は再公営化には懐疑的であった。というのも電力分野の労働者は長年そのシステムをつくって運営してきたわけで、その過程で高い組合組織率を誇り、長年にわたって労使協定を向上させてきた。再公営化によって労使交渉のやり直しが迫られたり、それによって条件が低下することを恐れるのは理解できない話ではない。

ハンブルグ市はドイツ有数の裕福な自治体で税収も多い。また自らを「働きがいのある人間らしい仕事」を守る都市と宣言しているだけに、国際的には「この件においては労働組合が保守的すぎたのではないか」という見方も多い。

これについては、市民連合が労働者、組合の参加を得る戦略に欠けていたこと、また再公営化に反対する既存の政治経済勢力の大きさが主な原因であると思われる。結果的には、幸いなことに再公営化後に組合が恐れた労働条件の悪化は起きなかった。

ヴァテンフォールの強烈な再公営化反対広告キャンペーン（独占企業の広告を規制する法律があり、それに違反した疑いがあると指摘されている）にもかかわらず、２０１３年、送電線の再公営化を求める住民投票は僅差で勝利した。62パーセントの有権者が投票し、50・9パーセントが再公営化を支持した。住民投票がドイツの国政選挙と同時に行われたため、高い投票率が得られたことも大きい。

私たちの送電線

これは再公営化の始まりであって終わりではない。２０１４年、市によって送電線は4億９５５０万ユーロ（約６４５億円）で再購入された。２０１８年1月、市は2億７５００万ユーロ（約３５７億円）でガス配給ネットワークを取得した。

さらに住民投票は長距離暖房供給システムの再公営化も選択肢として含んでおり、これは２０１９年に予定されている。

これについてはまだ熾烈な闘いがあるかもしれない。ヴァテンフォールは依然として74・9パーセントの長距離暖房供給システムの株を所有しており、再公営化を阻止しようと必死である。ヴァテンフォールは儲け率の高いモーブルグ石炭火力発電所を稼働させている。地域の環境汚染の原因でもある石炭発電所の停止はハンブルグ市民の次なる挑戦である。

残る課題

再公営化後、市は再生エネルギーの送電に適したインフラのための投資を開始した。今後数十年にわたり、このようなインフラの刷新と拡大のために、20億ユーロ（約2600億円）を投資する予定である。これはハンブルグ市民のニーズに応えるための長期的な投資計画といえる。送電線などの再公営化が野心的な再生エネルギーへのシフトの第一歩として果たした役割は大きい。

しかしながら、厳しい現実にも目を向けなくてはならない。モーブルグ石炭火力発電所を稼働するヴァテンフォールの市場シェアは依然として巨大で、2016年時点で1000万メガワットの需要に対して、940万メガワットが化石燃料由来である。そのうち850万メガワットは、モーブルグ石炭火力発電所からである。

再生エネルギーのシェアは2016年時点でわずか4・6パーセント（500万メガワット）にとどまっている。

このことは再公営化を果たしたとしても、再生エネルギーへの変換が即座に可能なわけではなく、化石燃料に固執する多国籍企業との闘いは続き、長期的な自治体と市民の取り組みが必要なことを示唆している。ハンブルグ市民は、石炭利用に終止符を打つ次なる住民投票を2022年に行うべく運動を始めている。

2　教育　ケララ州（インド）

小学校が閉鎖する？

インド南部、アラビア海に面するケララ州はインドの中で「特別な州」と言われ、教育や保健など社会開発分野で突出した成果を上げていることで知られている。住民参加、政治・経済参加を促す地方制度改革は世界的にも注目されている。

１９５７年に世界初の普通選挙を通じた共産党州政権が発足して以来、共産党が与党になることも多い。２０１６年5月、左派民主戦線（ＬＤＦ）が議会の過半数を得て5年ぶりに返り咲いた。

政権獲得から2か月経過しないうちに、「儲けが少なすぎる」と経営者に判断され閉鎖された民間の小学校を、州政府は公的な管理で再開するための政策を立案した。州から補助金を受け取ったにもかかわらず、閉鎖に追い込まれた私立小学校は州内に１０００校以上あり、これらの学校は学生数が少なすぎて十分な利益が上がらないと民間の経営者は説いていた。

たとえば、ケララ州北部のマラパランバにある創立１３３年の私立小学校の経営者は、２０１４年に学校を閉鎖すると発表した。経営側は、不動産ビジネスに転用する計画で学校の一部を取り壊し始めた。これに対し、学生組織、両親、市民で構成される学校保全委員会は抗議を行った。

抗議は学校の取り壊しを延ばし、地元住民からの寄付金で壊された部分の修繕を行った。この勇敢な行動にもかかわらず、2016年5月、ケララ州高等裁判所は学校経営者の主張を認め、1か月後の6月に学校を閉鎖するよう審判した。

学生と教師は一時的な施設に移動し授業を続行することを余儀なくされた。学校保全委員会の根強い運動は続き、左派民主戦線の政府は2016年11月にこの学校を公営化した。州政府教育省は学生たちを前に新しい学校のために1000万ルピー（約1500万円）を予算化することを約束した。学校は「公立小学校マラパランバ」に改名された。

他の3つの私立学校も似たような状況下で閉鎖されようとしていたが、州が運営を引き継いだ。現在、左派民主戦線政府は、利益が上がらないことを理由に閉鎖する私立学校を、州が容易に接収できるようケララ州の教育に関する条例改正を行っている。

3 一般廃棄物回収処理　ポートムーディ市（カナダ）

労使が協力して再公営化を実現

ポートムーディ市は、カナダのブリティッシュコロンビア州南西岸にある人口3万3000人の小都市で、メトロバンクーバーに属し、バンクーバー都市圏の一部を形成している。

2008年、市の5年間の一般廃棄物回収の民間契約が満期を迎えた。市は増大するごみ回収コストに悩まされていた。それにも増して住民のサービスに対する苦情が急増。民間事業者は州が要請する廃棄物のリサイクル率向上を達成できず、市は廃棄物処理の運営モデルの変更を迫られた。

10年遡って1998年、ごみ回収処理サービスをアウトソースする決定は、2つの報告書を比較して行われた。

1つは、新しい回収トラックの購入を見送り、アウトソースによって人件費を節約する案で、ごみ回収担当部署の管理職から出された。もう1つは、労働組合が作成したもので、これは労働者のやる気を上げることと、新しい回収トラックを導入して仕事の効率を上げコストを下げる計画を旨とした。市議会は前者のアウトソースの道を選んだ。

2008年の対立的な議論と決定の教訓を踏まえて、ごみ回収担当部署の管理職はカナダ公務員組合（C

UPE）をタスクフォースの構成員として招待した。

タスクフォースは管理職と労働組合代表が同人数参加し、協力、信頼関係を築きながら共同で報告書を作成し、最終的に共通の結論に達した。報告書作成のための費用は市とカナダ公務員組合両者が拠出し、市議会に提出。市議会は管理職と労働者側の協働の提案を歓迎し、ごみ処理回収サービスを自治体の元に戻すこと（インソース）を決定した。

ポートムーディ市は、各自治区から徴収する料金が下がったうえ、サービス向上を図ることができた。新しい分別回収の準備として、市は住民への啓発活動を開始した。市の市民とのコミュニケーション活動は北アメリカ一般廃棄物協会（SWANA）から表彰された。

民間事業者時代に50パーセント以下だった廃棄物転換率は、2011年の時点で73パーセントに増えた。これは埋立て以外の方法への適用率を指す。

図2-2　ポートムーディ

現在、ポートムーディ市は75パーセント以上の廃棄物転換率を誇るカナダ有数の市となった。ブリティッシュコロンビア州全体としての廃棄物転換率が35・4パーセントであることを考えると、再公営化後のポートムーディ市の一般廃棄物行政の成功は際立っている。

4 上下水道　ニース市（フランス）

市政の政策コントロールを取り戻す戦略

２０１３年３月、フランスの第５番目の都市であるニースの市議会は、周辺地方自治体とともに、公営水道に戻す決議をした。

ニース・コート・ダジュール都市圏（Metropolis Nice Côte d'Azur／人口53万人／以下ニース都市圏）は49の市町村自治体で成り立ち、人口の約７割がニース市に住む。

フランスでは民営水道が主流であり、常にその是非を問う論争がある。パリ市などの象徴的な水道サービスの再公営化だけでなく、近年多くの自治体が再公営化を果たしているとはいえ、保守政党が政権を握るニース市の決定は多くの人を驚かせた。

特にヴェオリアの経営陣は「頭に冷水をかけられた」と発表したほどだ。フランス最大手のグローバル企業ヴェオリアは、１８６４年にニース市水道が設立された当初から、上水道の運営を担ってきた。つまりニースの上水道は約１５０年の間、常に民営であった。最新のヴェオリアとの契約書は１９５２年に結ばれ、改正を加えながら何度か更新された。

２０１３年６月、新しい公営水道公社「オ・デ・アシュール（Eau d'Azur）」が設立されると、段階的にニース都市圏に属する自治体が加わっていった。

まず2014年9月、海辺の4自治体がここに加わった。次に2015年1月、もともと公営を維持してきた自治体が加わった。そして2015年2月にニース市が加わった。現在、ニース都市圏に属する49の市町村自治体のうち33が公営水道公社オ・デ・アシュールに参加し、人口の約80パーセントがここのサービスを受けている。

ニース市の再公営化はそれほど驚きではない。市議会は過去に何度もヴェオリアの水道運営パフォーマンスの外部監査を行っている。その成果として、2009年から2013年には連続して水道料金の値下げ交渉に成功した。ニース都市圏自治体のサンタンドレ、ファリコン、トリニテはヴェオリアとの契約を再更新せず、2008年に再公営化をしている。

また近年、ニース市議会は、一旦民営化した市内公共交通システム、学校給食サービス、スイミングプール、ジャズフェスティバル、農産品市場を再公営化させた。

フランスでは水道サービスの再公営化は、左派政権が牽引することが多いと考えられているが、ニース市と周辺自治体を見ると、政治的な立場にかかわらず再公営化を選択している。ニースが再公営化に踏み切った最大の理由は、ニース都市圏全体の「領域内の連帯」を可能にするためだ。2010年の法改正により、フランスの主要都市は都市圏（Metropolitan area/Métropole）を形成し、公共サービス提供の統一、広域化が可能となった。

ニース都市圏は、2012年1月に設立されたフランス最初の都市圏である。ニース都市圏は南アルプスの最南部のメルカントゥール国立公園からニース市を含めた地中海沿いの自治体を含む、非常に多様な地理的な特徴を持つ。冬のアルプスのスキーリゾートから、ニース市などの地中海のシーリゾートを含んでいる。

その間には比較的高い標高の村々が点在し、地理的には約80パーセントが山間地域だ。アルプスに発して南流し、地中海に注ぐバール川の2つの支流がニース都市圏の水源である。つまり都市圏は水域と地理的に一致している。

図2-3　ニース市

このような独特な地理条件の下で、ニースの都市部と山間部の町、村には歴史的に強いつながりがある。歴史的に都市部と山間部の行き来はバール川の支流沿いであり、水域と重なるニース都市圏が広域化と再公営化を同時に進行させているのは興味深い。
ニース都市圏議会によると、再公営化に舵を切った最大の理由は、前述のような規模も地理も多様性に富んだ地域では民営水道では対応しきれないという点だ。
かつてニース都市圏内の市町村自治体がそれぞれ民間企業の契約を結んでいたが、民間企業がニース都市圏全体の連帯に貢献することは望めないし、ニース都市圏自治体間の人的、財的資源を調整、共有、蓄積することはできない。

再公営化のもう1つの動機は、域内の水道サービスにおいて、公的なコントロールを強めようする政治的意思である。これは水道サービス価格にも関係する。市議会は、民間企業が水道サービスの利潤を株主に還元するのとは対照に、公営水道公社による利潤を水道インフラの維持、発展、水道サービスの向上に充てたいと考えた。

地域連帯、公公連携

事実、ニース都市圏はいくつかの深刻な課題を抱えている。

1つは水道の安定供給、もう1つは、山間地域へのサービス提供だ。

まず、水道の安定供給だが、世界有数のリゾート地であるニースは夏期には人口が倍増する。夏の降水量が少ない時期のリスクを減らすために、水道公社は水道管の漏水率を下げること、水源の保全を柱とした政策を立てた。老朽化による高い漏水率は山間部で特に問題で、場所によっては水道管が100年を超えている。

したがって投資プログラムは、各世帯の水道メーターの導入、鉛の水道管の撤去、山間部の村の下水道処理施設の新設や近代化に向けられた。公営水道公社は、こうした課題を解決するための水道システム近代化に着手した。

ニース市が再公営化した際、市長は象徴的な意味も込めて水道料金の値下げを発表したが、結果的には一定規模の水道システムへの再投資を可能とするために、料金は据え置きにした。とはいえ、新しい水道料金体系が導入されたため、水道使用量が一番少ない2つの料金体系（年間使用量がそれぞれ60と120立方メートル）の世帯は料金が約30パーセント低下。一方、大型ユーザー（ホテルや世帯別水道メーターを持たない集合住宅／ニース都市圏では約12パーセントがここに属する）の料金は微増した。

水道料金収入は民営化時から変わっていないが、水道システムへの投資は民営化時と比べ2倍になった。水道公社は過去5年間で105億ユーロを投資した。年間投資額は平均21億ユーロになる。

次に山間地域へのサービス提供についてである。公営企業オ・デ・アシュールの当面の課題は、ニース都市圏でサービスの質を均等にするべく標準化を図ることだ。当然ながら山間地域へのサービス提供は都市部より困難だ。しかしながら、ときに困難な課題は新しいアイディアを生み出す。海抜220メートル地点にある浄水場に水力発電タービンを導入し、公営企業は原水を摂取する場所に水力発電所を建設することを計画。オ・デ・アシュールはエネルギー供給量が使用量を上回ることを目指す。

現在、ニース都市圏の16の市町村自治体は、契約満了期限に至っていないため民営契約を保持している。オ・デ・アシュール供給地域に囲まれたいくつかの自治体は、2017年の民間契約満了時にオ・デ・アシュールに加入すると予測される。

ニースの再公営化が興味深いのは、このプロセスにおいて近年再公営化した公営水道事業体との間で、情報の共有や協力関係が進行している点だ。

ニースがパリから学んだこと

2010年に設立されたパリ市の水道公社オー・デ・パリ社はニースの水道公社オー・デ・アシュールのモデルとなった。ニースはパリで何がうまく行き、何がうまく行かなかったのか、学ぶことができた。

具体的にニースがパリから学んだことの1つは、水道公社が市議会と長期的なパフォーマンス契約を結ぶという手法だ。これはサービス向上だけでなく、公社の透明性や説明責任を明確にする。またパリ市がそうしたようにオー・デ・アシュールも水道水を質の高い飲料水として、ペットボトル水に対抗する「ブランド」化を図った。実際ニース都市圏にはアルプスの山々の水が注ぎ、幸い水源を汚染する近代農業や産業は限られているため、質の高い水道水を低価格で提供できる。

一方で、オー・デ・アシュール社はパリのオー・デ・パリ社に比べて市民の参画や参加型統治には力を入れていない。広域水道のため、各市町村長や議会間の調整や結束に力が入っているようだ。

再公営化を果たした都市レンヌやモンペリエは市民、住民の運動が市議会を動かしたが、ニースについてはそういった市民運動はなく、いわば市議会の政治的な決定であった。とはいえ、オ・デ・アシュールの意思決定機構である理事会には、ニース大学の専門家、消費者協会の代表、労働者代表が参加している。

ニースの再公営化の成功は、モンペリエなど他の都市からの注目を集めている。

また、2012年設立されたフランス公営水道事業者協会（France Eau Publique）は、公営水道事業者間の情報共有や支援において重要な役割を果たし始めている。オ・デ・アシュールも即座にフランス公営水道事業者協会に加盟した。

グレンノーブル、ニース、パリ、モンペリエは、民間事業体とはっきりと一線を画し、また伝統的な公営企業よりも野心的な新世代公営水道企業として、フランス公営水道事業者協会の中でリーダーシップを発揮している。

民営水道の歴史、蓄積、資産、影響が甚大なフランスで、公営水道事業体は、協力と連帯によって次世代の公共水道サービスを実践している。いみじくも協力と連帯は公的セクターの基本的な倫理であり、競争と市場原理に貫かれた民間水道事業体との最大の違いであり強みである。

5　地域交通　ロンドン市（英国）

完全民営化のオルタナティブＰＰＰ

１９９８年、政権についたトニー・ブレア率いる労働党がロンドンの地下鉄（チューブ）を近代化するためのＰＰＰプロジェクトを開始した。ロンドンの地下鉄は１８６３年に開通。世界最古にして初であり、日本では坂本龍馬が活躍しはじめた江戸時代末期に当たる。それから１００年以上が経過し、線路、駅、車両の大規模な改善を迫られていた。施設の老朽化が進み、地下鉄機能の効率性の低下が著しかった。市民の需要には応えられず、ピーク時に走る地下鉄の20本中１本は故障などの理由でキャンセル、信号システム故障による運行の遅れ、突然の運休などは常態化していた。

前年の１９９７年、与党保守党は、地下鉄の完全民営化を進めようとしていた。乗客に負担なく高いサービスを提供するには「民営化が一番」とまことしやかに言われていた。

選挙戦を戦った労働党は、施設資産を公的所有したまま民間の投資を呼び込むＰＰＰを提唱した。労働党の環境交通省大臣ジョン・プレスコットは下院で「私たちは地下鉄を民営化することなく新しいコンセプトであるＰＰＰを導入し、公的な利益を守りながら、納税者と乗客にとってＶＦＭ（費用対効果）の高い方法で近代化を行う」と演説した。ロンドン交通局（ＴＦＬ）の管轄下にあるロンドン地下鉄公社（ＬＵＬ）が

図2-4　ロンドン地下鉄

資産を所有し、安全性や労働者の雇用の責任を保持した。

２００３年、民間企業コンソーシアムのメトロネットBCV社、メトロネットSSL社、チューブライン社が総額17億ポンド（約２５００億円）、30年間のPPP契約を獲得した。これらの企業は地下鉄施設の近代化のために15年間で70億ポンド（約１兆円）のインフラの設備投資をすることとされた。

これにヨーロッパ投資銀行が13億ユーロ（約１７００億円）を融資。英政府は初期投資として8億６５００万ポンド（約１２８５億円）を拠出した。ロンドン地下鉄公社（LUL）は、通常の運転業務を継続して遂行し、民間コンソーシアムが施設近代化を担った。

インフラ投資には路線の延長、車両の交換、エスカレーターの交換、駅の改築などが含まれる。

当時のロンドン市長、ケン・リビングストーン氏はこのPPPプロジェクトに猛反対し、法廷にも訴えた。市長は長期にわたる乗客の地下鉄利用料金を担保に、公債発行でロンドン地下鉄の近代化ができると主張したが、その声はついにかき消された。

このPPPプロジェクトは極度に複雑で、135の契約文書は全部で2800ページに及んだ。当初から安全性の確保、高いコストが心配され、高いとはいえない投資目標と低リスクにもかかわらず企業コンソーシアムの過剰な利益は批判を呼んだ。

低リスク、高利益の契約にもかかわらず、メトロネット社の財政運営は散々で、わずか4年後の2007年、メトロネット社は倒産申請をした。同社の負債額は10億ポンド（約1470億円）で、ロンドン交通局が損失補填を拒否したため、メトロネット社は倒産した。倒産直前に、同社は多額の配当金を株主に支払ったことがわかっている。

PPPの失敗と公的な救済

2008年、政府とロンドン交通局はメトロネット社の95パーセントの債務証書の買い戻しを強いられた。英会計検査院によると、メトロネット社倒産に関わるコストは、17億5000万ポンド（約2570億円）で、メトロネットの親会社であるアトキンズ、バルフォア・ベティー、EDFエナジー、ボンバルディア、テムズ・ウォーター各社は7000万ポンド（約103億円）の責任を取るのみだった。つまり95パーセントの債務責任が納税者に帰する可能性があった。

しかし不幸中の幸いか、英国検査院は、最終的な納税者の債務負担は1億7000万ポンド（約250億円）から4億1000万ポンド（約600億円）になるだろうと結論した（見積もり幅が大きいのは、当局も正確な金額が把握できないほど経営がブラックボックス化していたことを示している）。差額は交通省からロンドン交通局への補助金を通じて弁済される。

メトロネット社の杜撰な財務管理と不適切な企業運営を起因とする失敗であるにもかかわらず、PPP契約の負の結実は納税者に及ぶのである。2009年の英国下院交通委員会レポートは「この件は企業の失敗を納税者にリスクを押し付けるPPPに宿った欠陥を示している。メトロネット社の倒産は少なくとも1億7000万ポンド（約250億円）を納税者に負担させ、到底受け入れがたい」と報告した。

2009年には、チューブライン社が同じ道をたどった。同社は2つの路線の大きな工事のために13億5000万ポンド（約1980億円）不足と主張した。チューブライン社は財政危機に陥っていた。それを挽回しようと、ロンドン交通局に資金不足のために継続したインフラ投資が不可能と主張し、水増しした金額を請求した。

納得のいかないロンドン交通局は法廷に訴え、審査のうえチューブライン社の要求は却下された。結果としてチューブライン社は経営が立ち行かず倒産申請し、ロンドン交通局は3億1000万ポンド（約460億円）で買い取った。

後に当時市長であったボーリス・ジョンソン氏は、「PPPプロジェクトを終焉させるために市が法律事務所に払った総額は4億ポンド（約590億円）に上った」ことを明らかにした。

結果的に、ロンドン交通局が3つのPPP契約を引き取ることになった。2010年、ロンドン地下鉄公社が正式に両社を買収し、PPPプロジェクトが終了した。

失われたお金と時間、公のソリューション

PPPを使ったインフラ投資の結果はどうだったのか。

2010年までに26・6キロメートルの線路が延長され、25のエスカレーター、2つのエレベーターが交換、23の駅が改築された。ロンドン地下鉄公社はシステム不全からくる遅れなど「乗客の失われた時間」は20パーセント削減されたと一定の成果を認めている。

しかしながら鳴り物入りのPPPプロジェクトで、結果的に多額の公的資金が注入されたことは何ともお粗末である。

ロンドン地下鉄のPPPプロジェクトの総額は不透明で、様々な数字が存在するが、著しい公的資金が失われたことは間違いない。

再公営化後、すべてがロンドン交通局の元に戻り、公債によって借り換え（リファイナンス）を行ったことで金利は下がった(民間による借入れの金利は、公債よりも何倍も高いのでこれだけで相当の節約になる)、インフラ整備の仕事はロンドン交通局の従業員が直接行っている。

ロンドン地下鉄公社はPPPを続けないことで25億ポンドを節約できると試算した（2018年までの予算）。これはメトロネット社の仕事の精密な検査を行い、契約の再交渉、入札の改善、運営の効率化、計画の再検討に基づいており、2009年の英国下院交通委員会で報告された。

これは特筆に値する。結局のところ、ＰＰＰによる民間企業の失敗は、公的セクターによるオルタナティブに発展した。民営化最盛期に市長であったリビングストーン氏が最初に提案した通り、結果的には公債による地下鉄近代化が実現したが、失った時間と公的資金を考えれば皮肉すぎる結末である。

6 介護医療施設 スジュアス市（デンマーク）

行き過ぎたコスト削減

デンマーク北部のオーフスにほど近いスジュアス市は人口4万1000人強の小都市である。

2012年、介護医療施設スーフスパークン（Søhusparken）を民間企業・ユナイテッドケア社（Forenede Care）にアウトソースした際には、「市議会と民間会社の画期的なパートナーシップ」「他の自治体もそれに続くべき」と絶賛された。

入札は通常の低価格を争う競争入札と異なり、民間サービス供給者たちとの「対話」を通じて行われ、「市と民間の質の高い協力関係」が公共入札決定の評価項目であったことも強調された。

しかし2015年にかけて、介護医療施設の住人の家族や親戚が、「施設のスタッフの数が市との契約に定められた数を下回っている」「ケアが行き届いていない」と報告し始めた。

ユナイテッドケア社は他にもデンマーク各地で介護医療施設を運営しているが、監視役であるメディカルオフィサーは、「ユナイテッドケア社のコスト、人員、設備・備品の削減が、施設の高齢者の健康と安全を脅かしている」と批判した。

ユナイテッドケア社への批判が拡大する中、スジュアス市議会は独立したコンサルタント会社に調査を依頼。その結果、市との契約が履行されていなかったことが判明した。

スジュアス市議会は契約更新しないことを決定し、契約開始から3年半を経て介護医療施設の運営は市に戻り、ユナイテッドケア社で働いていたマネジャー、スタッフ全員が市の職員に移行した。民間企業と組合の労使合意が終了した後、スタッフの労使協定はデンマーク公務員組合（FOA）と市の一般合意に組み込まれ、市職員と同様の条件となった。

7 行政・図書館サービス ロンドン南部クロイドン区（英国）

コミュニティーの大切な一部

英国首都ロンドン（大ロンドン）は32の主要な地方自治区域およびシティ・オブ・ロンドンで構成される。クロイドン（Croydon）は、ロンドン南部にある自治区の1つで人口は17万3000人。各自治区は区議会により運営される。

クロイドン区議会は2012年に図書館サービスをジョンライング・インテグレートサービス社にアウトソースした。

契約は8年間で、2020年に終了する予定だった。

しかし、約1年足らずでジョンライング・インテグレートサービスは契約をPFI大手企業のカリリオンに売却した。

民営化された図書館では、職員に基本的な備品の配給さえ乏しかった。職員はポケットマネーでコピー機を直す技術者を呼んだり、子どもたちの工作活動の材料を購入しなくてはならない始末だった。

数年にわたるアウトソースで図書館サービスの劣化を経験し、区は契約をやめる方法を探っている最中、

2018年1月、カリリオン社が倒産。それが再公営化の直接的なきっかけとなった。

区議会は図書館の職員とサービスの継続を守るために、カリリオン倒産の翌日に、図書館サービスを区の運営とすることを発表。区内の13の図書館を民間にアウトソースせず、区の管理に戻した。

区議会議長のトニー・ニューマンはこう語る。

「図書館のアウトソースは前議会の決定で、私たちは支持しなかった。図書館の職員とサービスを守るために迅速な判断ができたことをうれしく思っている。図書館は私たちのコミュニティーの大事な一部であり、1年以内に大ロンドン自治区文化局下で運営されることを宣言する」

再公営化後、区は職員に生活ができるレベルの賃金を雇用主として約束した。

PFI請負企業カリリオン

カリリオン社は、英国でのPFIモデルや契約を見るときに欠かせない存在である。2018年1月に倒産した後もそれは変わらない。なぜなら会社が倒産しても、公共サービスは継続しなくてはいけないし、カリリオン社の負債を負担するのは納税者だからだ。

クロイドン区以外でも大ロンドン自治区のいくつかの図書館運営を行っていた。このPFI大手企業について以下に詳述する。

英国多国籍企業のカリリオンは、1999年に建設会社と合併してできた。カリリオン社は建設と施設運営分野を中心に拡大を続け、高速道路や鉄道の建設、875の学校の維持管理、150の学校建設、いくつかの図書館の他、900の学校、英国の50の刑務所、少なくとも14の病院の、主要な運営契約者または清掃サービスの提供者として関与した。

またカリリオン社は国防省の5万戸の住宅、遠隔地のインターネット事業なども行った。

自治体、中央政府との契約数は合計で450にのぼり、社の収益の38パーセントは英国政府との契約によるもので、収益総額は19億ポンド(約2800億円)にのぼった。

さらに2011~2018年の間に英国の27郡のうち26郡が、32の大ロンドン自治区のうち30がカリリオン社と何かしらの契約を結ぶに至った。この6年間で実に149の自治体がカリリオン社に合計13億ポンド(約1923億円)を支払ったのである。

政府御用達のPFI企業の肥大化

中央政府はカリリオン社に依存し、社は破産するには大きくなりすぎた感さえある中、進行中の公共サービス提供の契約を残したまま2018年1月に破産宣言をした。この時点でカリリオン社は英国で1万9500人、国外で2万3500人を雇用していた。英国だけで倒産によって2403人が仕事を失った(プロジェクトが他企業に受け継がれ、職を失わなかった人もいる)。

カリリオン社下のサプライチェーンは、倒産によって支払いは停止され、失業を含む多大な影響を受けた。社の破産の原因について正式な表明はないものの、おそらく企業の貪欲が行き過ぎて、過剰かつ早急な投資拡大を行い、楽観的な予測に基づく大型契約は思ったほど利益が上がらず、負債がかさんだと見込まれる。下請けやサプライヤーへの支払いが滞り、さらに新しい契約を求めその支払いに回した。

２０１７年５月、代表取締役は「すべてが順調」と発言していたが、その２か月後、業績を下方修正し、利益警告した後、辞任した。信じがたいことだが利益警告後、英政府はヨーロッパ最大のインフラ事業である新高速鉄道ハイスピード２（ＨＳ２）の14億ポンド（約２０７１億円）の契約をカリリオン社に与えた。新しい契約で古い投資の返済をする詐欺的な行為の末、さらに２度の利益警告を経て、ついに２０１８年１月15日に破産宣言。そのとき20億ポンド（約３０００億円）の未払金があったが、社の銀行口座にあったのは２９００万ポンド（約43億円）足らずだった。

つけは社会と納税者に

社の財務の安定性を度外視し、過剰な配当金と重役たちのボーナスを払ったらどうなるか、カリリオン社の失態がはっきりと示している。

２０１２年から２０１６年の５年間で３億７６００ポンド（約５５７億円）を株主への配当金として支払う一方で、同じ期間中の純収入は１億５９００ポンド（約２３５億円）だった。財政難にもかかわらず、重役たちは過分な報酬を受けていた。

辞任した元取締役のリチャード・ハウソン氏の年収は66万ポンド（約９８００万円）で、辞任後もさらなるボーナスを付けて２０１８年10月まで保証された。

２０１６年にリチャード・ハウソン氏が辞職した際には、年金とボーナスを含む総計１５０万ポンド（約2億２０００万円）が支払われた。代表取締役だけでなく２０１６年に定年退職した財務部長もほぼ同様の待遇を受けた。信じがたいことだが、２０１６年には、あたかも「ボーナスが過小である」と言わんばかりに経営側はボーナスの１５０パーセント増を提案、さすがにこれは株主総会で却下された。

カリリオン社倒産後、政府は破産清算人として仕事を開始。会計会社プライスウォーターハウスクーパース（PwC）が会計アドバイスを担当したため、この支払いも巨額になった。

２０１８年9月26日の『ガーディアン』紙によると「カリリオン社の倒産に当たって投入される税金は1億５０００万ポンド（約２２２億円）以上である。うち６５００万ポンドは（約96億円）は解雇された労働者への支払い、倒産企業の清算に関わる法律事務所、会計会社への支払いが７０００万ポンド（約１０３億円）、その他費用が２０００万ポンド（約26億円）である。

野党である労働党は重役や株主が直前まで膨大な利益を享受しながら、カリリオン社の倒産清算を納税者が負担する理不尽を激しく批判し、財政危機に陥っている会社を放置しただけでなく、新しい契約を与えた政府省庁を非難している。

多くの契約はライバル会社に引き継がれた模様だが、大型契約であったロイヤル・リバプール病院（3億３５００万ポンド／約５００億円）とスコットランドのアバディーンバイパス（5億５０００万ポンド／約８１４億円）のプロジェクトは政府資金で完了させるしかない。当然ながらこれも納税者によって支払われる。

【参考文献】

5 Sören Becker, "Our City, Our Grid; The energy remunicipalisationmn trend in Germany" in Reclaiming Public Services; How cities and citizens are turning back privatisation, 2017, p120 and Emanuela Lobina, Vera Weghmann, the upcoming report" Remunicipalisation and republicisation; practical guidance for PSI unions", Public Services International

6 Benny Kuruvilla, "Against the grain: New pathways for essential services in India" in Reclaiming Public Services; How cities and citizens are turning back privatisation, 2017, p95

7 Keith Reynolds, Gaëtan Royer and Charley Beresford, Back in House: Why local governments are bringing services home, September 2016, Centre for Civic Governance, p36

8 Olivier Petitjean, "Nice: building a public water company after 150 years of private management" in Our Public Water Future: Global experience with remunicipalisation in the French edition, 2015, p80

9 Centre for Public Impact, The London Underground's failed PPP [https://www.centreforpublicimpact.org/case-study/london-undergrounds-failed-ppp/] （最終検索日：２０１８年10月21日）, Emanuela Lobina, Vera Weghmann, the upcoming report "Remunicipalisation and republicisation; practical guidance for PSI unions", Public Services International, David Hall and Cat Hobbs, "Public ownership is back on the agenda in the UK" in Reclaiming Public Services; How

cities and citizens are turning back privatisation, 2017, p133、House of Commons Transport Committee Update on the London Underground and the public-private (PPP) partnership agreements Seventh Report of Session 2009–10 Report, Published on 26 March 2010
https://publications.parliament.uk/pa/cm200910/cmselect/cmtran/100/100.pdf

10 デンマーク公務員組合（ＦＯＡ）からのアンケート調査より、Reclaiming Public Services; How cities and citizens are turning back privatisation, 2017に編集

11 Emanuela Lobina, Vera Weghmann, the upcoming report "Remunicipalisation and republicisation; practical guidance for PSI unions", Public Services International

12 The Guardian, Carillion taxpayer bill likely to top £150m, 26 September 2018 by Phillip Inman（最終検索日：２０１８年10月21日）, Emanuela Lobina, Vera Weghmann, the upcoming report "Remunicipalisation and republicisation; practical guidance for PSI unions", Public Services International、What services does Carillion run?: https://inews.co.uk/news/business/services-carillion-run／最終検索日：２０１８年11月１日）

第3章

岐路に立つ新自由主義 政策のトップランナー

三雲　崇正

1　英国におけるPFI推進政策

公共サービス民営化の経緯

公共サービスの民営化やPFI施策は、サッチャー政権以降の英国において顕著な発達を遂げてきたが、そこに至るまでにはそれなりの紆余曲折がある。

第2次世界大戦後、労働党政権の下で国民保険サービス（NHS）をはじめとする社会保障制度を確立し、石炭、電力、ガス、鉄道などの産業を国有化した英国は、「揺りかごから墓場まで」と言われた高福祉国家を実現した。

しかし、1960年代以降は経済成長が不振となり、さらにオイルショックをきっかけとする物価の上昇も相俟ってスタグフレーションに陥った。経済成長率の低下による税収の減少は財政赤字を悪化させ、1976年にはIMF（国際通貨基金）の融資を受ける状況となり、政府歳出の削減が喫緊の課題とされるようになった。

サッチャー政権が誕生したのは、そのような英国の状況が「英国病」と呼ばれていた1979年の総選挙で保守党が勝利したことによる。サッチャー政権は、従前の社会保障制度は維持する一方で、フリードリヒ・

ハイエクが主張する新自由主義に基づき、産業分野における政府の役割を縮小する政策（「小さな政府」政策）を推し進めた。

具体的には、それまで国営であった水道、電気、石油、ガス、鉄道、航空などの公共サービスやインフラ部門の民営化である。

このとき民営化されたものとしては、

・ブリティッシュ・ペトロリアム（British Petroleum／石油）
・ブリティッシュ・エアロスペース（British Aerospace／航空機メーカー）
・ブリティッシュ・テレコム（British Telecom／通信）
・ブリティッシュ・ガス（British Gas／ガス）
・ブリティッシュ・エアウェイズ（British Airways／航空）
・ロールス・ロイス（Rolls Royce／航空エンジン）
・ブリティッシュ・スティール（British Steel／鉄鋼）
・ウォーター・カンパニーズ（Water Companies／水管理公社）
・エレクトリック・カンパニーズ（Electric Companies／電力公社）

などがある。

ＰＦＩの導入

民営化によって公共投資を抑え、政府歳出の削減を実現したサッチャー政権は、公共施設管理や廃棄物処理施設の運営といった公共サービスについても、民間へのアウトソーシングを進め、さらに公共事業に対して民間資金を活用する考え方が導入されるようになった。

しかし、実際に公共施設等の建設、維持管理、運営等を民間の資金、経営・技術能力を活用して行うＰＦＩが正式に導入されたのは、１９９２年、サッチャー政権の後継であるメージャー政権の下においてである。メージャー政権は、１９９３年には、個別のＰＦＩプロジェクトの推進について官民の仲介や助言を行わせるため、官民の有識者を集めたプライベート・ファイナンス・パネル（Private Finance Panel）を英国財務省から独立した諮問機関として設置し、また１９９４年には、すべての公共事業に対してＰＦＩの適用検討を義務付けるユニバーサル・テスティング（Universal Testing）を導入した。こうして英国の公共事業においてＰＦＩが本格的に適用されることとなった（ＰＦＩの仕組みについては、第5章において詳述する）。

ＰＦＩの広がり

１９９7年に労働党のブレア政権が発足すると、すべての公共事業にＰＦＩの検討を義務付けるユニバーサル・テスティングを廃止し、それまでの保守党政権下でのＰＦＩを見直す動きが生まれた。しかしそれは、公共事業へのＰＦＩの適用に消極的になることを意味せず、むしろＰＦＩを効果的に活用する方向での見直

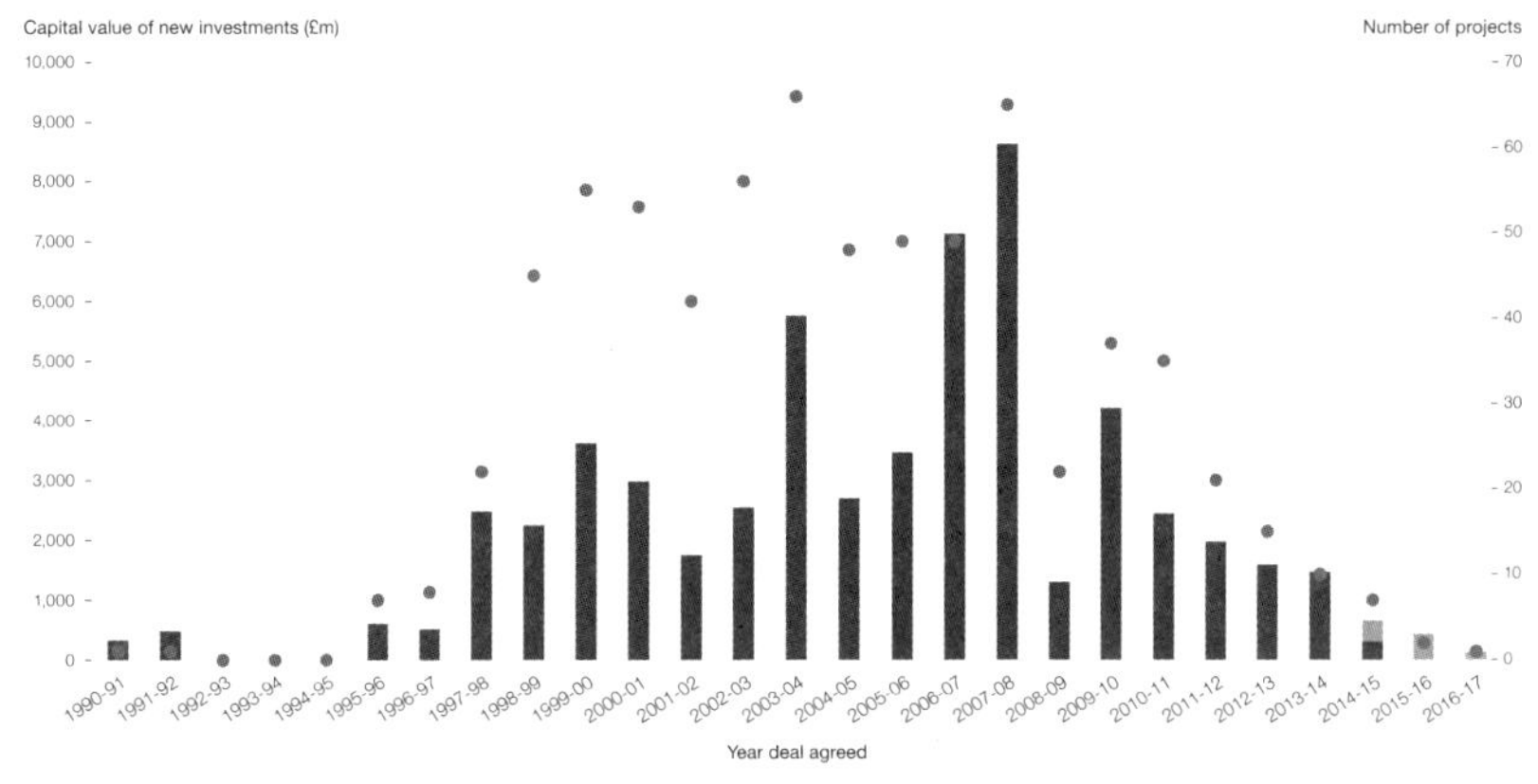

図3-1　PFI契約の投資額及び案件数の推移

してあった。

ブレア政権は実業家のマルコム・ベイツを長とする委員会にPFIを包括的に検討させ、その結果発表された「ベイツ報告（The Bates Review of PFI）」において、組織形態、プロセスの改善、ノウハウの蓄積及び入札コストの改善といった点にわたり、PFIを効率化するための施策が提言された。また、地方公共団体がPFIの契約主体となることが明確化された。さらに、諮問機関に過ぎなかったプライベート・ファイナンス・パネルを廃止し、それに代わり、PFI実施の決定権限を持つプライベート・ファイナンス・タスクフォース（Private Finance Taskforce）が英国財務省内に設置された。

労働党政権の下でのこうした改善を経て、英国のPFI事業は大幅に増加していった。このことは、「図3−1　PFI契約の投資額及び案件数の推移」に明らかに見て取ることができる。

英国において、これまで見てきたようなＰＦＩ推進政策が採られてきた背景には、「民間の方が効率的に事業を運営できる」という効率性向上の期待もあったが、本当の動機は、英国政府が目指していたマーストリヒト条約の下での通貨統合参加基準を満たすために単年度赤字を削減する必要性に迫られていたこと、そしてＧＤＰの40パーセントという自主的に定めた公的債務の上限を守ることにあったと指摘されている。そのために、公共投資による支出や債務を公会計に計上させないようにする手法として、ＰＦＩが活用された。このことは、後述する英国会計検査院（National Audit Office）が発表した２０１８年1月の報告書でも指摘されたとおり、ＰＦＩに有利なようにＶＦＭ（Value for Money／費用対効果）の評価を行うインセンティブとなった（ＶＦＭについては、第5章において説明するが、簡単に言うと公共施設（事業）にＰＦＩを活用することでどの程度公的財政負担を削減できるかということである）。

つまり、英国におけるＰＦＩの活用推進は、見かけ上の公的支出や債務を減らしつつ、公共施設の建設や維持管理、運営等を行うことが真の目的であった。しかし、現実の案件の検討においては、「民間のノウハウ等を活用することで効率化が図られる」といったＰＦＩのメリット（ＶＦＭ）が必要以上に強調されることとなったのである。

後述するように、ＰＦＩ推進論者（主に英国財務省）が主張してきたＰＦＩのメリットは、実際には定量的に（数字として）評価されていない（要するに本当にそのようなメリットが実現したのか分からない）ということが後年明らかになる。しかし、ＰＦＩの活用が推進されていた当時、そうした問題は特に重視されることはなかった。

いずれにせよ、ＰＦＩは、英国の公共投資において大きな役割を果たすようになった。２０１１年３月時点において、英国全体におけるＰＦＩ事業の総投資額は５２８億ポンド（約７・７兆円）であったと推計されている。その中には、交通、教育、保健、住宅といった分野だけでなく、刑務所や防衛といった国家作用の中心をなす分野も含まれている。

2　ＰＦ２と英国会計検査院の２０１８年１月報告書

ＰＦ２とは何か

ブレア、ブラウン両首相による労働党政権下でＰＦＩ案件は増加していったが、２００７年から２００８年の金融恐慌（日本ではリーマンショックと呼ばれる）によりＰＦＩに不可欠である民間からの資金調達がコスト高に陥ると、明らかに勢いを失っていった。

こうした中、２０１０年の総選挙で保守党のキャメロン政権が誕生すると、労働党政権下でのＰＦＩ事業を評価し、ＰＦＩの仕組みを改善する動きが生じた。また、１９９０年代以降、ＰＦＩ案件が蓄積してきた中で、第2章で紹介されたロンドン地下鉄におけるＰＦＩ案件の失敗なども影響し、ＰＦＩ推進政策そのものに対する疑問も提起されるようになってきた。

そこで、英国財務省はＰＦＩの仕組み自体の評価を行い、２０１２年12月、「公民連携への新しいアプローチ（A new approach to public private partnerships）」と題する報告書を公表した。

この報告書では、ＰＦＩのメリットとして、民間ノウハウの活用による予定工期内、予算内での公共施設整備の完了や施設の維持管理の質の向上が可能になったことを挙げる一方で、以下のようなデメリットも指摘した。

①ＰＦＩ事業への投資家が不当な利益を挙げている。
②事業の財務内容等が不透明であり納税者の将来負担が不透明である。
③官民の関係が希薄であり効果的な契約管理を妨げている。
④調達プロセスが長期にわたり官民双方の負担となっている。
⑤契約が柔軟でなくサービス水準の変更が困難である。
⑥官から民へのリスク移転が過大であるケースがある。

英国財務省は、右記報告書の公表に合わせ、従来のＰＦＩの手法を改善したスキームとしてＰＦ２（プライベート・ファイナンス２／Private Finance 2）を導入した。ＰＦ２の基本的な構造は従来のＰＦＩと変わらないものの、右記報告書の指摘に対応し、以下の点で改善が加えられている。

①ＳＰＶ（ＳＰＣ）の負債の借換えに伴って生じた利益分配率を30パーセント未満に抑制する
②公共も事業主体であるＳＰＶ（ＳＰＣ）に出資することで公共の関与を強化する
③入札期間（調達プロセス）を18か月までに制限する
④中長期の契約期間中に需要の変化が見込まれる清掃やケータリングサービスを契約に含まない

これらのうち注目されたのは公共が事業体であるＳＰＶ（ＳＰＣ）に出資することであった。公共側が出資者として事業体に参加することで、公共側にとって事業の透明性が向上し、その意見を反映することが容易になる。また、事業の信用力が増して金融危機以降低下していたＰＦＩ案件の資金調達力が改善するといったことが期待された。

しかし実際には、ＰＦＩ／ＰＦ２は、２０１３年以降も案件数、投資額ともに低迷し、２０１６年から２０１７年の１年間は、１９９０年から１９９１年の１年間の実績を下回るような状況となった（図３－１「ＰＦＩ契約の投資額及び案件数の推移」参照）。

日本でＰＦＩの活用によって公共施設等の建設や維持管理、運営等が効率化し、また投資家にとって大きな新規のビジネスチャンスとなる成長戦略の柱であるともてはやされていたのと同じ時期に、ＰＦＩを先んじて推進してきた英国では、その活用が下火となっていったのである。

英国会計検査院の報告

このような中２０１８年１月、英国会計検査院は、ＰＦＩ／ＰＦ２事業に関する評価を行った報告書を公開した。同報告書では、ＰＦＩ／ＰＦ２のメリットとして、施設の管理水準が向上したことを挙げる一方で、以下の課題があると指摘する。

①ＰＦＩ／ＰＦ２では、公共による資金調達よりも２～４パーセント（一部では５パーセントも）資金調達コストが高く、さらに多額の付加的な費用（資金調達のアレンジメント・フィーが元本の１パーセント程

度、マネージメント・フィーが事業総額の1～2パーセント程度など）がかかる。ＰＦ２を採用した事業では政府借入の従来事業と比較して40パーセント高コストとなった事例がある。
②25年から30年という長期の契約期間が柔軟性の点で問題がある。契約変更ができないことにより、生徒が通っていない学校施設に対して維持管理費の支払いを継続せざるを得ない事例が存在する。
③公共部門にとっては、25年から30年という長期スパンでは費用がかさむとしても、短期又は中期的（5年程度）に見ると負債を圧縮できるので魅力的である。このため公共部門の意思決定がＰＦＩ／ＰＦ２に好意的になり、ＰＦＩ／ＰＦ２事業を進めるために、ＶＦＭ評価が甘くなる。
④英国財務省はメリットとして、事業リスクを民間に移転できること、長期的なランニングコストが軽減されること。

しかし、実際にはこれらの成果は定量的に評価できていない。

英国会計検査院の指摘の要点は、ＰＦＩは公共部門による事業実施の場合よりもコストが高くつくが、これまで公共部門は公的支出や債務を少なく見せかけるためにＰＦＩのメリットを過大評価してきた。しかし実際にはＰＦＩのメリットは実証できず、むしろ公共部門が長期のＰＦＩの契約に拘束されることによるデメリットが問題となるケースもある、ということである。

この他、同報告書はＰＦＩ／ＰＦ２の会計上の特徴についても言及している。

これは、英国の政府全体の債務残高を示す国民勘定上の公共部門純債務、公共部門純借入高などの指標の計算において、ＰＦＩ／ＰＦ２事業の債務は負債に含まれないこととなっているため、見かけ上の財政負担が軽減されるというものである。

英国会計検査院は、この効果を会計上のメリットと整理しているが、前述したような問題を抱えるＰＦＩ／ＰＦ２事業を見かけ上の財政負担の軽減のために導入してしまう効果が生じるのであれば、むしろデメリットとして認識すべきであろう。

なお、同報告書によれば、２０１７年までに英国全体では７１６のＰＦＩ／ＰＦ２案件が実施されており、その投資総額は５９４億ポンド（約８・６兆円）である。そしてこれら現存する案件に対して公共が将来にわたって支払う対価の額は１９９０億ポンド（約28・９兆円）にものぼる。これは、今後25年間にわたり毎年平均約77億ポンド（約１・１兆円）を支払わなければならないことを意味している。

ＰＦＩ推進論者によれば、ＰＦＩは、民間のノウハウ等を活用することで公共施設の建設や維持管理、運営等の効率化を可能にし、将来にわたる公的財政負担を軽減するものであった。しかし実際には、そのような強調されてきたメリットは実証することができず、むしろ将来にわたって巨額の支払いが必要な、財政の硬直化を招くものであることが判明した。

これが、約25年にわたってＰＦＩを推進してきた英国の国民に突きつけられた事実であった。

3　英国世論の変化とPFI（PF2）の終焉

PFIに対する懐疑的な評価

第1章で紹介されたとおり、英国ではPFI／PF2に対する根強い懐疑を背景に、労働党が2017年総選挙で公共サービスの再公営化を掲げて躍進を果たしていたが、英国会計検査院の2018年1月報告書が公表されると、英国世論は衝撃をもってその指摘を受け止めた。

これは第2章で紹介されたPFI事業大手のカリリオンがレポート公表とほぼ同じ時期に経営破綻し、政府が国家緊急治安特別閣議の招集を余儀なくされるなどの自体に陥ったことも無関係ではないと思われるが、同報告書がPFI／PF2の構造的な問題に対する長年の疑念を正面から認めるものであったためでもあろう。

英紙『フィナンシャル・タイムズ』（Financial Times）は、「英国会計検査院がPFIによって数十億ポンドもの損失が生じていることを暴露（UK finance watchdog exposes lost PFI billions）」と題する記事（2018年1月18日付）において同報告書の内容を要約し、「会計検査院によれば、英国は、そのインフラの多くを建設するために用いたPFIによる不明瞭な便益のために、数十億ポンドもの超過コストを負担させられている」と報じた。

同紙はさらに、「ＰＦＩ：公共と民間との間の取引により増大し続けるコストに関する手痛い教訓（ＰＦＩ：hard lessons on growing cost of public-private deals）」と題する記事（２０１８年2月4日付）において、施設の維持管理に関するＰＦＩ契約の支出が増大したことによって十分な教育投資を行うことができない学校（Frederick Bremer school）の事例を取り上げ、校長の「これは若い人々や教育のための契約ではない。ビジネスであり、若い人々の教育からその限られた資源を奪う契約だ。間違っている」との言葉を紹介している。

同記事においては、「ＰＦＩは（財政難の）公共部門にとって他に選択肢がないものであったが、特に地方自治体にとっては、中央政府からの補助が得られることがその動機づけとなった。ＰＦＩは脅迫と賄賂によって推進された」とのエディンバラ大学のマーク・ハロウェル（Mark Hellowell）博士によるコメントも紹介されている。

英紙『ガーディアン』（The Guardian）は、「ガーディアンのＰＦＩに対する見解：この失敗したモデルを廃止すべきである（The Guardian view on the private finance initiative: replace this failed model）」と題する社説（２０１８年1月18日付）を発表し、「かつては道路、線路、病院、学校、刑務所や庁舎を建設するためのより効率的な方法であると吹聴されたものが、多くの場合において反対の結果となった。税金が無駄に使われたのだ」と評した。

同紙はさらに、「カリリオンだけではない。民営化全体の神話が暴かれた（It's not just Carillion. The whole privatisation myth has been exposed)」と題する記事（２０１８年1月22日付）において、「（公共事業の）アウトソーシングによって公共の精神は公共に関心を持たない株主に支配される取締役会に飲み込まれてしまった。世論調査において公共サービスや鉄道の再公営化への賛成が80パーセントであることも当然である」と評している。

ＰＦＩに対する懐疑的な評価は英国に限られた現象ではない。ＥＵの会計検査院（European Court of Auditors）も、２０１８年3月、「ＥＵにおけるＰＰＰ：広範な欠陥を抱える一方で利点は限定的（Public Private Partnerships in the EU: Widespread shortcomings and limited benefits）」と題する報告書を公表した。

英政府によるＰＦ２終了宣言

２０１８年６月20日、英国の下院・庶民院（House of Commons）の公会計委員会（Committee of Public Accounts）は、以下の点を指摘する「Private Finance Initiatives」と題する報告書を公表した。

①ＰＦＩの導入から25年以上が経過しても、ＰＦＩによってＶＦＭが得られるか否かを示すデータが示されていない。
②ＰＦＩの投資家の中にはＰＦＩ案件から巨額の利益を得ている者がおり、省庁は民間に転嫁したリスクと比較して過大な対価を支払わされている。
③財務省及びＩＰＡ（インフラストラクチャー・アンド・プロジェクト・オーソリティー）は、個別のＰＦ

I案件が自治体の予算に与える影響を特定し、又は解決するために十分なことを行っていない。

④財務省がPF2を政府債務統計から除外し続けようとすることによって、納税者にとってのVFMが損なわれてきた。

⑤PF2はほとんど活用されておらず、IPAはどのような場合にPF2を活用することが適切であるか示していない。

英国財務省は、この公会計委員会の報告書を受け、2018年10月29日、今後はPF2を活用しないこと、ただし既存のPFI／PF2案件については事業を継続することを発表した。

英国では、25年の試行錯誤の末、PFIという仕組みによって公共サービスを提供することが断念されるに至ったのである。これは「英国に倣え」とPPP／PFI推進施策を展開しつつある日本にとって、非常に注目すべき状況であるといえる。

4　完全民営化された公共サービス
――水道はどうなったのか――

本章では、ここまで英国でのＰＦＩについて概説してきた。しかし、前述したとおり、公共事業へのＰＦＩの適用以前に、英国は国営であった公共サービスの民営化を行っており、そこでも多くの問題が指摘されている。第1章と重複する部分もあるが、英国における水道事業民営化の経緯及びその問題点についても概観しておきたい。

水道事業民営化の経緯

英国の水道事業は、産業革命に伴って水需要が急増した一方で河川の汚染が進行した19世紀、近代水道が整備されることによって誕生した。

近代水道の整備を担ってきた官民の水道事業者は、20世紀初頭には約２０００を超えて存在したが、１９４５年水法（Water Act 1945）の制定に伴い、統合及び中央集権化が進み、１９７３年には約１６００事業者にまで減少した。さらに１９７３年水法（Water Act 1973）により、イングランド及びウェールズの事業者は主要河川流域を中心に10の地域に再編され、それぞれの地域を管轄する水管理公社（Regional Water Authorities）が設立された。この再編は、効率的な水資源管理、水質基準への適合、水不足や洪水対策への投資の促進等を目的として行われ、10の水管理公社は、区域内のすべての水循環（河川、地下水の管理、水資源、下水処理及び水道供給等）に関し、一元的に責任を負う総合的な水管理機関となった。

その後、市場原理の導入と小さな政府の実現を目指すサッチャー政権の下で公共サービスの民営化が推進される中、水道事業も１９８９年水法（Water Act 1989）により民営化されることとなった。

サッチャー政権においては、当初は、水道事業は水系ごとの独占事業であることから競争原理が働きにくいと考えられ、民営化されない方針であったが、最大の水管理公社であったテムズ水管理公社が４０００万ポンド（約58億円）の資金調達問題を解決するために民営化を支持する姿勢を取ったことから、方針が転換されたといわれている。

10の水管理公社は、一旦政府が所有する株式会社となり、その後株式が市場で売却された。株式の売却により、52億２５００万ポンド（約７６００億円）が国庫へ収納された。

民営化により、水管理公社（Regional Water Authorities）が持っていた機能のうち、上下水道サービス機能は10の民間会社に移管され、河川流域管理等の機能はＮＲＡ（National Rivers Authority）に移管された。

また、民間会社の上下水道サービスについては、ＤＷＩ（Drinking Water Inspector）、Ｏｆｗａｔ（Office of Water Service）及びＣＣ Ｗａｔｅｒ（Customer Council of Water）により監督を受けることとなった。

ＤＷＩは水質に関する規制・監督機関であり、Ｏｆｗａｔは料金改定、予算・決算審査及び水道事業ライセンス認定等を担当する規制機関であり、ＣＣＷａｔｅｒは水道使用者の苦情を水道会社に伝達する機関である。

水道事業の民営化で何が起こったのか

（公社）日本水道協会（２０１３）「平成25年度国際研修『イギリス水道事業研修』研修概要報告」によれば、英国での水道事業の民営化により、以下のメリットが実現されたとしている。

①資金を株式市場から調達可能になった
②設備投資額が増加した
③事業運営コストが減少した
④断水件数が13万件から1・1万件に減少した
⑤水質基準への不適合が１００分の1から７００分の１へ減少した
⑥漏水が減少した
⑦利用者サービスが向上した

他方で、民営化水道事業は、株主に対する配当や、調達した民間資金に対する利息の支払いが高額になっているとの指摘もある。

たとえばグリニッジ大学のデヴィッド・ホール（David Hall）教授らによると、イングランド及びウェー

Table2: Regional water and sewerage companies finances 2007-2016: annual averages

Company	Pre-tax profit (£m)	Tax (£m)	Post tax profit (£m)	Dividends	Retained earnings (£m)	Net interest payable and similar charges
Anglian Water	301.88	-1.18	300.70	370.89	-70.19	-138.84
Northumbrian water	217.34	-32.56	184.78	180.76	4.02	-113.27
Severn Trent Water	243.41	-17.74	220.56	244.16	-23.60	-212.54
South West Water	138.46	-19.49	118.97	101.39	17.58	-62.69
Southern Water	135.98	-17.10	106.03	66.68	39.35	-162.90
Thames Water	336.08	-19.53	316.55	253.13	63.42	-300.62
United Utilities Group Plc	424.41	-43.88	380.53	266.31	114.22	-205.27
Wessex Water	142.13	-23.18	118.95	111.75	7.20	-74.14
Yorkshire Water	131.03	8.09	139.12	217.85	-78.73	-194.71
Annual total	**2,070.72**	**-166.57**	**1,886.19**	**1,812.92**	**73.27**	**-1,464.98**

Source: compiled from company annual reports

図3-2　水道会社の財務状況（2007年から2016年）

ルズの水道会社は、２００７年から２０１６年の10年間の間に、年間平均約18億１２００万ポンド（約２６００億円）を配当金として分配し、年間平均約14億６５００万ポンド（約２１００億円）が調達した借入の利息として支払っている。

つまり、イングランド及びウェールズの消費者は、水道料金を通じて、毎年４７００億円以上を金融機関や投資家に支払っているのである。

仮に水道事業を再公営化した場合、株主配当は不要になり、借入に対する利払いも公債の利率に従うことになるので大幅に減額される。この場合の１世帯あたりの水道料金は、年間１１１・27ポンド（約１万６０００円）節約されるといわれている。

配当金の分配と民間の資金調達コストが高額となって納税者や利用者の負担が増加する構造は、ＰＦＩ／ＰＦ２において指摘されてきた構造と酷似している。

また、多額の配当を受ける株主の多くがタックスヘイブンに所在するために英国政府に対する税金を支払っていないことも指摘されている。

この点、日本ではＯｆｗａｔが水道会社を監督する役割を負っていることがしばしばいわれるが、水道料金については監督することができても、水道会社の経営状況やガバナンスに対して関心を払ってこなかった。

その結果として、英国の水道民営化は、漏水を放置して利益を上げ、タックスヘイブンの株主に高額の配当を行うことを許してきた。特にテムズ・ウォーターは、投資過小であり、インフラ劣化に対応できていない。同社では管路の更新率が0・19パーセント（日本の平均は0・77パーセント）であり、漏水率が40パーセント（日本の平均は5パーセント）にものぼるといわれている。

最近は、Ｏｆｗａｔもこうした問題にも取り組む必要があることに気づいたが、Ｏｆｗａｔの人員は３００人しかおらず、専門知識に限界がある一方で、企業側は弁護士を使って立場を守ろうとするので、改革は進まないようである。

このような中、『フィナンシャルタイムズ』紙は、「水道事業の民営化は、組織的な詐欺よりも酷い」と評価している。

また、２０１７年の世論調査では、83パーセントの人が水道の再公営化を支持していることが判明した。

英国の水道民営化は、少なくとも英国民にとって成功とは言いがたいことは明らかであろう。

5　英国での聞き取り調査

聞き取り調査の概要

25年以上にわたってＰＦＩを推進してきた英国においてＰＦＩに対する否定的な評価が急速に拡大し、遂に政府によって「活用しない」と宣言された一方で、日本政府は、「民間投資を呼び起こす成長戦略として、平成25年度からの10年間で12兆円のＰＰＰ／ＰＦＩ事業規模を達成」する（「ＰＰＰ／ＰＦＩ推進アクションプラン」（平成25年6月）。後に目標額は21兆円に増加）として、様々な施策を講じ、また水道事業への施設運営権を可能にする法律改正が進められている（ＰＦＩ法改正、水道法改正案）。

筆者は、このような日本政府の姿勢には大きな疑問を感じると同時に、英国において実際にどのような議論がなされているのか確認する必要があると判断し、本書の共同執筆者とともに、２０１８年7月8日及び9日、英国での聞き取り調査を行った。

この聞き取り調査では、①国際公務労連の研究機関（ＰＳＩＲＵ）で公共政策を研究するグリニッジ大学のデヴィッド・ホール教授、②公共サービスに従事する労働者の労働組合であるＵＮＩＳＯＮのサンプソン・ロウ氏らに面会し、さらに③英国労働党のシャドー・キャビネットでエネルギー・産業戦略を担当するレベッカ・ロングベイリー議員が主催する学習会に参加した。

ＰＦＩの構造的問題点

デヴィッド・ホール教授への聞き取り調査においては、前述したＰＦＩ及び民営化された水道の問題点につき教示を受けたほか、さらに以下の話を聞くことができた。

まず、英国におけるＰＦＩ導入時の議論では、「資金調達コストが高くなる」「リスクの適切な移転は困難である」「サービス効率の向上は見込めない」といった、現在顕在化しているＰＦＩの問題点についてはすでに指摘がなされていた。しかし、「財政難のため他に選択肢がない」という主張に対抗することが困難であり、結果として世論はＰＦＩの導入を許すことになった。

そして、実際にＰＦＩが導入されると、投資家による特定目的会社（ＳＰＣ）への出資とプロジェクトファイナンスの手法を用いることから、株主配当と高い資金調達コスト（利子など）が、施設・サービスの利用料金や委託料の上昇圧力として機能した。また、ＰＦＩにおける事業主体となるＳＰＣ（ＳＰＶ）の持分を保有する投資家の多くは、タックスヘイブンと言われる地域に拠点を設け、英国政府に対して本来支払うべき税金を支払っていない。

他方で、事業リスクの移転や事業効率の向上という、ＰＦＩ推進派によって主張されていたメリットは実現が困難であった。ロンドン交通、マンチェスター市のごみ処理事業、倒産したカリリオンなど、失敗事例も国民の論議を呼んだ。

特にロンドン交通（ＴｆＬ（Transport for London））のＰＦＩは、英国のＰＦＩ案件総額の25パーセントを占めていたが、経営に失敗したためにロンドン市がＳＰＣの持ち分を買い戻し、公債を原資にリファイナンスを行った。英国のＰＦＩ全体の25パーセントを占める案件が失敗したこと自体、ＰＦＩの有効性に問題があることを示している。

また、マンチェスター市のごみ処理事業のＰＦＩは、英国で６番目に巨額の案件であったが、事業主体が破綻し、市がＳＰＣを１ポンドで買い取った。その結果、毎年６０００万ポンド（約87億円）であった利払いが２０００万ポンド（約29億円）に減少した。また、業務コストも毎年１７００万ポンド（約25億円）節約された。

労働党は、サッチャー政権以来の英国を覆ってきた民営化路線に正面から異論を唱えることに躊躇していたが、ジェレミー・コービン氏が率いた２０１７年の総選挙で水道とエネルギーを再公営化すると訴え、それが国民の支持を得た。同党では、昨年の総選挙での公約実現のため、原則としてすべてのＰＦＩ案件を再公営化する手法と財政的手当に関する政策検討を行っている。

労働組合の視点

ＵＮＩＳＯＮのサンプソン・ロウ氏らとの面談では、以下の情報を得ることができた。

英国のＰＦＩは、金融危機後の２００８年から低調になり、２０１７年の総選挙では労働党がＰＦＩの廃止を公約に掲げて躍進した。労働党が掲げた再公営化政策は有権者の80パーセントの支持を得ている。

英国では、１９９２年から教育や病院でＰＦＩが進み、１９９７年から２００７年の間にごみ処理、エネルギー、刑務所等を含むすべてのインフラ分野でＰＦＩが拡大した。しかし、会計検査院のレポートで指摘されたように、長期にわたる実践によってもＰＦＩの利点が証明できず、むしろ公営の場合よりもコストが高くつくことが判明している。また、ＰＦＩのスキームで用いられるＳＰＶ（ＳＰＣ）は、公共からお金を吸い上げる仕組みでしかない。

労働者にとっても、同種の公共サービスに従事している労働者の待遇や条件が企業毎に異なっており、年金の仕組みも異なる状況は、大きな問題である。

ブレアやブラウンの労働党政権下でＰＦＩが拡大したことについては、ＰＦＩではサービス開始時期を確実に予定することができ、またマーストリヒト条約が要求する財政規律の下で短期間に多くのインフラ整備を必要とした政権にとってはしかたがなかったとの見方もある。

他方、財政規律を潜脱するためにＰＦＩを用いても実際の財政状況は変わらない。労働党政権は、「金融屋」に取り込まれた結果としてＰＦＩを拡大したとの見方もある。

労働党のＰＦＩ政策—再公営化の検討—

労働党は、エネルギー・産業戦略を担当するレベッカ・ロングベイリー議員らを中心として、前述のデヴィッド・ホール教授らのアドバイスを得ながら、ＰＦＩによって民営化された公共サービスの再公営化を真剣に検討しており、今回の学習会もその一環として開催された。そこでは、第1章でも紹介された元パリ市水道局長であるアン・ル・ストラ氏がパリ市水道の再公営化の事例を題材に講演し、デヴィッド・ホール教授がコメントを行った。

アン・ル・ストラ氏によれば、パリ市水道の再公営化の際には、労働条件の統合、情報システムの統合及び会計システムの変更が必要となったが、結果として水道料金は8パーセント減額され、技術開発や新サービスの提供を行うことができるようになり、また、市民による水道事業の監視ができるようになったとのことだ。

再公営化は1970年代に戻ることではないかとの批判に対しては、戻るのではなく、さらに前に進むために再公営化が必要なのであり、実際にパリ市では、水道事業はよりイノベーティブになったと応答することができるという。

図3-4　レベッカ・ロングベイリー議員と辻谷、橋本、三雲（撮影・岸本）

他方で、パリ市による契約更新拒絶に対しては、企業側からの訴訟提起がなされた。ただし、裁判所は、会社の訴えを退けているとのことであった。

この点に関し、国内法に基づく訴訟提起であれば、国内裁判所が企業側の訴えを退ける可能性が十分にあるものの、国際投資協定に基づく訴えであり、国際仲裁に付された場合には、投資家側に有利な判断が下される可能性がある。筆者がこの点を指摘したところ、デヴィッド・ホール教授からは、国際投資協定との抵触についても十分に留意する必要があるとのコメントが得られた。

労働党は、次期総選挙で政権を獲得した場合には、新規のＰＦ２案件を成立させないことを公約している（しかし、これは最近保守党政権の下で宣言されたため、すでに公約にはならない）。他方で、現在約７００ものＰＦＩ／ＰＦ２案件が存続しており、英国の納税者は今後25年にわたり、１９９０億ポンド（約28・9兆円）を支払わなければならないとされている。これらの契約をどのように処理するのかが大きな問題となる。

この点に関し、現在検討されている対応策は2通りあり、そのうちの１つは、問題のあるＰＦＩ案件のみを優先的に解約していくというものである。

他方で、約７００のＰＦＩ案件のＳＰＶ（ＳＰＣ）について、公債発行を原資として、全部公有化するという手法も検討されている。デヴィッド・ホール教授は、約７００のＳＰＣの公有化には２５０億ポンド（約３兆６０００億円）を要する一方で、再公営化による節約額が年間15億ポンド（約２１８０億円）にのぼるため、後者の手法も十分検討に値すると説明している。

小　括

以上、英国におけるＰＦＩや水道事業民営化の問題点、さらに一度民営化された公共サービスの再公営化に向けた議論の状況を概観した。

日本では、英国で生じた問題や顕在化したＰＦＩのデメリットは、経済状況や公共の財政状況が異なる日本にそのまま当てはまるものではないとの議論もある。

しかし、基本的な構造が同じである以上、公共の利益と事業主体となるＳＰＣへの投資家の利益とが相反関係に立つ場面が生じることは避けがたく、その調整を十分に議論しないまま、ＰＦＩを拡大しようとする日本政府の姿勢には疑問を抱かざるを得ない。

一連の聞き取り調査を通じて印象的であったのは、デヴィッド・ホール氏の「『財政難のため他に選択肢がない』という主張に対抗することが困難であった」とのコメント、またＵＮＩＳＯＮにおける「２０００年代の労働党政権が、金融屋に取り込まれ、財政規律の下でＰＦＩに頼ってしまった」という趣旨のコメントであった。


今後、日本においても、国・地方を問わず、ＰＦＩの活用に関する議論が活発化することが予想される。その際に、納税者の利益を犠牲にする選択がなされないよう、英国の経験を十分に参照する必要がある。

（注）文中のポンド・円換算は、１ポンド１４５円と仮定して行った。

【参考文献】

○Eduardo Engel他（２０１７）「インフラＰＰＰの経済学」安間匡明訳，金融財政事情研究会
○井熊均・石田直美（２０１８）「地域の価値を高める新たな官民協働事業のすすめ方」学陽書房
○HM Treasury（2012）“A new approach to public private partnerships”,

[https://www.minfin.bg/upload/11842/infrastructure_new_approach_to_public_private_parnerships_05.pdf]（最終検索日２０１８年11月９日）
○National Audit Office（2018）“PFI and PF2”,
[https://www.nao.org.uk/wp-content/uploads/2018/01/PFI-and-PF2.pdf]（最終検索日２０１８年11月９日）
○Financial Times（2018）,“UK finance watchdog exposes lost PFI billions”,
[https://www.ft.com/content/db1b5c66-fba7-11e7-9b32-d7d59aace167]（最終検索日２０１８年11月９日）
○Financial Times（2018）,“PFI: hard lessons on growing cost of public-private deals”,
[https://www.ft.com/content/83cdf442-0817-11e8-9650-9c0ad2d7c5b5]（最終検索日２０１８年11月９日
○The Guardian（2018）,“It's not just Carillion. The whole privatisation myth has been exposed”,
[https://www.theguardian.com/commentisfree/2018/jan/22/carillion-privatisation-myth-councils-pfi-contracts]（最終検索日２０１８年11月９日）
○European Court of Auditors（2018）,“Public Private Partnerships in the EU: Widespread shortcomings and limited benefits”,
[https://www.eca.europa.eu/Lists/ECADocuments/SR18_09/SR_PPP_EN.pdf]（最終検索日２０１８年11月９日）
○House of Commons Committee of Public Accounts（2018）,“Private Finance Initiatives, Forty-Sixth Report of Session 2017-19”,
[https://publications.parliament.uk/pa/cm201719/cmselect/cmpubacc/894/894.pdf]（最終検索日２０１８年11月９日）
○馬場康郎（三菱ＵＦＪリサーチ＆コンサルティング）（２０１７）「ＰＦＩは終わったのか～英国におけるＰＦＩ廃止の提案～」,

[http://www.murc.jp/thinktank/rc/column/search_now/sn171027]（最終検索日２０１８年11月６日）

○馬場康郎・本橋直樹・大野泰資（三菱ＵＦＪリサーチ＆コンサルティング）（２０１８）「さらなる拡張か、衰退か～英国の現状を踏まえ、我が国のＰＦＩの今後を考える～」、[http://www.murc.jp/thinktank/rc/politics/politics_detail/seiken_180627]（最終検索日２０１８年7月11日）

○馬場康郎（三菱ＵＦＪリサーチ＆コンサルティング）（２０１８）「ＰＦＩは終わったのか～英国はＰＦＩ・ＰＦ２に終止符」、[http://www.murc.jp/thinktank/rc/column/search_now/sn181106]（最終検索日２０１８年11月６日）

○山本哲三・佐藤祐弥編「新しい上下水道事業　再構築と産業化」（２０１８）中央経済社

○公益社団法人日本水道協会（２０１４）「平成26年度国際研修『イギリス水道事業研修』研修報告」、[http://www.jwwa.or.jp/jigyou/kaigai_file/h26/h26_seminar_gbr_summary_01.pdf]（最終検索日２０１８年11月９日）

○公益社団法人日本水道協会（２０１３）「平成25年度国際研修『イギリス水道事業研修』研修概要報告」、[http://www.jwwa.or.jp/jigyou/kaigai_file/h25_seminar_gbr_summary.pdf]（最終検索日２０１８年11月９日）

○Kate Bayliss and David Hall（2017）, "Bringing water into public ownership: cost and benefits", [https://gala.gre.ac.uk/17277/10/17277%20HALL_Bringing_Water_into_Public_Ownership_%28Rev%27d%29_2017.pdf]（最終検索日２０１８年11月９日）

○Legatum Institute（2017）, "Public opinion in the post-Brexit era: Economic attitudes in modern Britain", [https://www.li.com/activities/publications/public-opinion-in-the-post-brexit-era-economic-attitudes-in-modern-britain]（最終検索日２０１８年11月９日）

第4章

日本における公共サービスの私営化の現状

三雲　崇正

1　公共サービスの私営化

前章までは、世界と英国における公共サービスの私営化の進展と、近年の「揺り戻し」ともいえる潮流について概観した。本章では、日本における公共サービスの私営化がどのように進展しているかについて、公共施設の指定管理、ＰＦＩ、公共施設等運営権設定（コンセッション）方式及び自治体業務の外部委託の分野にわたり、いくつかの事例を紹介したい。

2 公共施設の指定管理

指定管理者制度とは何か

指定管理者制度とは、2003年の地方自治法改正により新たに導入された「公の施設」(公共施設)の管理手法である。これは、公共施設の管理に民間事業者等が有するノウハウ等の能力を活用しつつ、住民サービスの質の向上を図るとともに、経費の縮減等を図ることを目的に導入された。

指定管理者制度の導入により、自治体は、その条例に基づき、プロポーザル方式や総合評価方式で民間事業者等の団体を選定して公共施設の管理権限を委任することが可能になった。この管理権限には、施設の使用許可等の行政処分に該当する行為を行う権限が含まれており、また施設管理者が公共施設利用者から収受した利用料金を自らの収入とすることができるなど、私法上の業務委託よりも包括的な委任関係を構築することが可能である。

総務省によれば、2015年4月1日現在、全国の都道府県、指定都市及び市区町村において、合計7万6788施設が指定管理者によって運営されている(うち6万1967施設は市区町村)。また、このうち37・5パーセントの施設が株式会社、NPO法人、学校法人、医療法人等の民間団体によって運営されている。

指定管理者制度の活用事例

指定管理者制度が活用される施設としては、①体育館や競技場等のレクリエーション・スポーツ施設、②展示場施設等の産業振興施設、③公園、公営住宅、水道施設、下水道終末処理場等の基盤施設、④図書館、博物館、公民館、文化会館等の文教施設、⑤病院、特別養護老人ホーム、児童クラブや学童館等の社会福祉施設がある。

筆者が居住する新宿区においても96もの施設につき指定管理者が指定され、対象施設も、スポーツセンター、野球場、テニスコート、保養施設、NPO協働推進センター、創業支援センター、消費生活センター、リサイクル活動センター、公園、図書館、歴史博物館、文化人の記念館、環境学習情報センター、地域センター（公民館）、障害者福祉施設、シニア活動館、地域交流館、児童館、保育園と多岐にわたっている。

また、指定管理者に指定される団体も、民間企業（株式会社）の他に、区が設立した公益財団法人、社会福祉法人、協同組合、NPO等、様々である。

こうした指定管理者制度活用の特徴として、公務員と比較して、施設特性に応じて主体性をもって管理運営を行うインセンティブを持つ団体や、地域貢献への意欲を持った団体が管理運営を担いうることが挙げられる。

新宿区においては、区内10箇所の地域センター（公民館）は地域住民から構成される「地域センター管理運営委員会」が指定管理者となっており、利用者（地域住民）の視点で施設の管理運営が行われている。障害者福祉施設についても、区内の障害者団体が設立した社会福祉法人が指定管理者となり、利用者（主に障害者）を第一に考える管理運営が可能となっている。また、児童館や地域交流館の指定管理者となっているNPO法人等は、単に施設の管理運営にとどまらず、施設が地域住民の活動拠点として活発に利用されるよう、地域住民を巻き込んだ様々な取り組みを行っている。

指定管理者制度のこうした特徴は、地域住民や当事者が公共施設の管理運営に参画することで、サービスが当事者に寄り添ったものとなり、また公共施設が単なる「箱モノ」を超えた地域共同体の核として機能することで、「公共」の担い手が拡大する（地域自治がより豊かなものになる）といったメリットをもたらすものである。

他方で、指定管理者として指定された団体の中には、施設の管理運営に携わる従業員の労務管理が不適切であったり、法令違反の指摘を受けるものもある。指定管理者制度が公共施設管理運営の経費削減の手段として利用される場合には、指定管理者側が指定管理料に応じて逆算的に人件費を低く抑えてしまうことが、その要因として考えられる。

指定管理者制度には、前述のようなメリット・デメリット双方が指摘され、どのような公共施設（サービス）について指定管理者制度が適しているのか、またその場合もどのような団体を指定管理者として指定すべきかについては、各自治体が運用指針を設けて工夫を図っている。

しかし、指定管理者制度が導入された施設の事例の中には、「公の施設の管理に民間の能力を活用しつつ、住民サービスの向上を図るとともに、経費の削減等を図る」という制度趣旨に照らして疑問があるものも散見される。その一例として、以下では、佐賀県武雄市図書館をはじめとする各地の自治体図書館の指定管理者となったカルチュア・コンビニエンス・クラブ株式会社（ＣＣＣ）が運営する、いわゆる「ツタヤ図書館」の問題を概観する。

いわゆる「ツタヤ図書館」の問題

ＣＣＣは、「蔦屋書店」や「ＴＳＵＴＡＹＡ」の名称で、書店、映像・音楽ソフトのレンタル及び販売、ゲームソフト販売、中古図書、中古映像・音楽ソフト及び中古ゲームソフトの買取及び販売並びに「Ｔポイントカード」等のマーケティング事業を行うＣＣＣグループを統括する株式会社である。

このＣＣＣが図書館事業に進出したのは、２０１３年４月、佐賀県武雄市図書館の指定管理者となってからである。当時の武雄市長・樋渡啓祐氏が「代官山蔦屋書店を図書館のかたちでもってきてほしい」とＣＣＣに要請し、ＣＣＣが３億円、武雄市が４億５０００万円を支出して武雄市図書館を改装し、その指定管理者としてＣＣＣを選定した。

ＣＣＣはその後、自治体図書館の指定管理者として図書館の管理・運営事業を本格化させる。２０１８年11月現在、武雄市の他に、神奈川県海老名市（２０１６年）、宮城県多賀城市（２０１６年）、岡山県高梁市（２０１７年）及び山口県周南市（２０１８年）の図書館を管理・運営している（海老名市では株式会社図書館流通センターとの共同企業体名義で協定締結）。また、２０１９年秋に開館予定の和歌山市民図書館の指定管理者に選定されており、宮崎県延岡市では図書閲覧スペースを持つ公共複合施設の指定管理者となっている。

これらCCCの管理・運営にかかる自治体図書館は「ツタヤ図書館」と言われ、CCCが運営する営利事業である「蔦屋書店」（書店及びレンタルショップ）と「スターバックス・コーヒー」のカフェが併設されていた「ブックカフェ」のスタイルを持つことに大きな特徴がある。

図4-1　海老名市立中央図書館（海老名市立図書館HPより）

図書館に書店・レンタルショップやカフェが併設されることは、一見すると利用者の利便性が向上するため、当初は画期的な試みであると評価された。しかし、既存施設を改装した武雄市図書館では、新たな営利施設が設置されたことにより、郷土資料の展示コーナーが廃止されてレンタルショップとなり、子どものための読み聞かせ施設は「蔦屋書店」及び「スターバックス・コーヒー」のためのスペースとなるなど、従来の自治体図書館としての機能は大きく変容することとなった。

また、新刊や中古図書を取り扱う会社を傘下に持つCCCが指定管理者となったことで、図書購入における「利益相反取引」ともいえる事態も生じている。

武雄市図書館では、2013年4月のリニューアルオープンにあわせ、新たに1万冊の図書を購入したが、その中には刊行から

10年以上経った古い資格試験対策本や、武雄市から遠く離れた埼玉県のラーメン店ガイドなど、実用性のない中古の実用書が多く含まれており、それらはCCC傘下の古書店から購入したことが明らかになった。

海老名市図書館では、東南アジアの風俗店ガイドブックを購入したことが問題となり、多賀城市では新たに購入した3万5000冊のうち1万3000冊は中古図書であった。さらに、多賀城市の中古図書の約半数以上が「料理」、「美容・健康」、「旅行」、「住まいと暮らし」といった実用書であるだけでなく、その3分の1は刊行から6年以上が経過した特に古い図書であることも判明している。これらの中古本は1冊あたり1000円で購入されたが、市場価格に見合わない不当な価格ではないかと批判されている。

いずれにせよ、「ツタヤ図書館」になって、図書館の最も重要なサービスである図書の提供に関し、質の向上が実現したとは言いがたいことは明らかであろう。

さらに、利用者の個人情報保護の観点からも問題が指摘されている。

「ツタヤ図書館」では、CCC傘下の事業であるTカードを図書館利用カードとして活用しており、利用者には図書館を利用するたびに一定のポイントが付与される一方で、図書館利用の日時などの情報がTカードを通じてCCCに蓄積される仕組みとなっている。TカードはCCCと提携する企業の幅広いサービスと連携しており、消費行動の都度Tカードを利用することにより、その人の生活全般にわたる情報がCCCに蓄積され、その情報はCCCや提携する企業のマーケティング活動に利用される。公共サービスを通じてこうした営利目的での個人情報の収集及び利活用を行わせることを懸念する声もある。

指摘されているのは、前述のような公共サービスを利用した「利益相反取引」や傘下事業への利益誘導だけではない。

周南市図書館では、CCCの提案により図書館の1階から2階にかけて吹き抜けの高架書架が設置されたが、その上部は手が届かず閲覧用の図書を置くことができないため、「本に囲まれた圧倒的な空間」を演出するとの名目で、約1000万円をかけて図書の背表紙を描いた「アート書架」（図書が置いてあるように見せかけるダミーの絵）を作製した。当初は、1200万円を投じて装飾用の洋書を購入して並べる予定であったが、市議会で無駄遣いを指摘され、ダミーの絵を描く方針に変更したという。当初計画から200万円削減したとはいえ、図書館本来の機能とはまったく関係のない演出のために税金が浪費されたことに変わりはない。


このような「ツタヤ図書館」に対しては、住民のための図書館（公共施設）としての機能を果たしているのか、むしろ傘下の事業（「蔦屋書店」、「スターバックス・コーヒー」、中古図書販売事業やTカード事業）のために図書館を利用し、税金を無駄遣いさせているのではないかとの疑問がある。

武雄市をはじめとする導入自治体は、来館者数が増加していることを、CCCを指定管理者に選定した効果として強調する。

しかし、「ツタヤ図書館」の場合、図書館利用ではなく「蔦屋書店」や「スターバックス・コーヒー」を利用した場合も「来館者」にカウントされるため、実際の図書館利用の実態が見えにくいとの指摘がある。

武雄市では、リニューアルオープンした2013年度の来館者数が約92万3000人であったのをピークとして、2016年度には約68万9000人にまで減少したといわれる。さらに、実際の図書館利用と関連する利用登録者数は、2016年度には約2万9500人と、リニューアルオープン前の約3万6000人（2012年度）を大幅に下回る状況になったとされる。

また、「ツタヤ図書館」に移行した前後の図書館費を比較しても、武雄市では約3000万円、海老名市では約1億5000万円、多賀城市では約2億円、それぞれ増加したとされる。

「ツタヤ図書館」では、CCCという民間企業の能力活用が期待されたものの、実際には指定管理者制度の目的である「住民サービスの向上」も「経費の削減」も実現することができなかったと評価せざるを得ない。

愛知県小牧市では、2014年に武雄市をモデルとして「ツタヤ図書館」建設の方針が示されたものの、前述の問題が明らかになりつつある中、2015年10月に住民投票によって市の計画が白紙撤回された。また、武雄市及び海老名市では、市民が指定管理者の指定を行った市長に対して損害賠償を求める住民訴訟が提起された（いずれも請求棄却）。

制度の趣旨を踏まえない指定管理者制度の利用は、公共サービスを損なうだけでなく、住民の反発を招くリスクもある。現在も進行中の「ツタヤ図書館」が投げかける問題は大きい。

なお、武雄市の「ツタヤ図書館」を推進した市長である樋渡啓祐氏は、2015年1月に佐賀県知事選挙に立候補して落選。同年7月にはCCCの傘下である「ふるさとスマホ株式会社」の代表取締役に就任している。

また、多賀城市では、2014年にCCCを指定管理者に選定した市の図書館協議会会長が、翌年4月にCCCの新図書館準備室長に就職し、2016年のリニューアルオープン時には図書館長に就任するといったことも行われた。高梁市でも、CCCを指定管理者に選定した教育委員会のメンバーが、その任期中に退任してCCCに就職し、2017年2月にリニューアルオープンした図書館長に就任した。

こうした指定管理者を選定する側と選定される民間事業者との関係も、外部からは「癒着」と捉えられかねない。指定管理者制度の導入にあたっては十分に注意すべき点であろう。

3 PFIによる公共施設の整備・運営

PFIの活用事例

PFIとは、プライベート・ファイナンス・イニシアティブ（Private Finance Initiative）の略語であり、公共施設等の建設、維持管理、運営等を民間の資金、経営・技術能力を活用し、その効率化やサービス向上を目指す手法をいう。

前章では、英国でPFIがどのような経緯で導入され、どのような経過をたどって活用停止に至ったのかを概観した。また、PFIの仕組みについては次章において概説する。ここでは、日本においてPFIがどのような公共施設に活用されているのかを概観したい。

内閣府民間資金等活用事業推進室によれば、1999年度にPFIが制度化されてから2017年度までに、666の事業（契約金額5兆8279億円）が公表されている。そしてその事業分野は、

①社会教育施設や文化施設等の「教育と文化」（220事業）
②福祉施設等の「生活と福祉」（23事業）
③医療施設、廃棄物処理施設、斎場等の「健康と環境」（107事業）

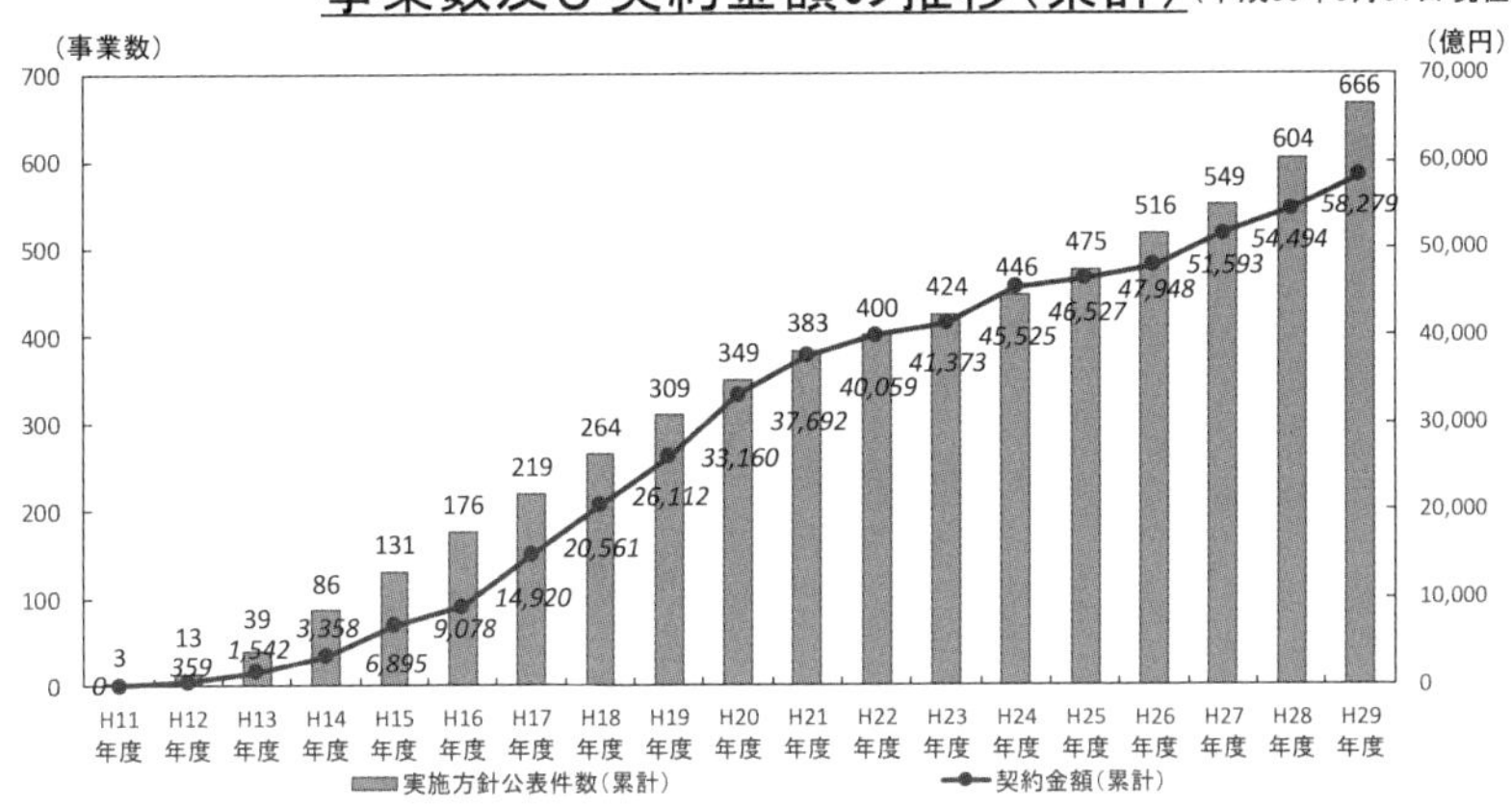

（注1）事業数は、内閣府調査により実施方針の公表を把握しているPFI法に基づいた事業の数であり、サービス提供期間中に契約解除又は廃止した事業及び実施方針公表以降に事業を断念しサービスの提供に及んでいない事業は含んでいない。
（注2）契約金額は、実施方針を公表した事業のうち、当該年度に公共負担額が決定した事業の当初契約金額を内閣府調査により把握しているものの合計額であり、PPP/PFI推進アクションプラン（平成30年6月15日民間資金等活用事業推進会議決定）における事業規模と異なる指標である。
（注3）グラフ中の契約金額は、億円単位未満を四捨五入した数値。

図4-2　事業数及び契約金額の推移（累計）（内閣府「PPP／PFIの概要」（平成30年10月）より）

④観光施設、農業振興施設等の「産業」（12事業）
⑤道路、公園、下水道施設、港湾施設等の「まちづくり」（１４８事業）
⑥警察施設、消防施設、行刑施設等の「安心」（26事業）
⑦事務庁舎、公務員宿舎等の「庁舎と宿舎」（62事業）
⑧複合施設等の「その他」（68事業）
に分類される。

これらの事業の多くは、施設の整備と維持管理等を民間事業者に委ねるいわば箱モノ案件であるが、それにとどまらず施設で実施される運営業務を幅広く民間事業者に委ねる運営重視型のＰＦＩも存在する。そのようなＰＦＩの代表例として病院のＰＦＩが存在するが、様々な課題があることが判明している。

「高知医療センター」と「近江八幡市民病院」の問題

以下では、病院ＰＦＩの初期の事例として、「高知医療センター」及び「近江八幡市民病院」の失敗事例を紹介し、運営重視型ＰＦＩの困難さを指摘したい。

高知医療センターは、わが国初の病院ＰＦＩ案件であった。旧高知県立中央病院及び旧高知市立市民病院が、共に施設の老朽化や狭隘化、高度先進医療への対応などにより再整備が望まれる中、両病院が赤字経営であったこともあり、統合してＰＦＩを活用して新病院を整備されることとなった。

ＰＦＩ事業を実施する主体は、オリックス株式会社を中心とするコンソーシアムが選定され、「高知医療ピーエフアイ株式会社」（事業実施法人）を設立した。事業実施法人は、病院施設の建設及び資金調達に加え、法令で取り扱うことができない診療業務（コア業務）以外の一切の業務（ノンコア事業）を担当することとなった。具体的には、①検体検査、滅菌消毒、食事提供、患者搬送、医療機器保守点検、医療用ガス保守点検、洗濯及び清掃の医療関連業務（「政令８業務」）、②医療事務、物品・物流管理及び医療作業補助等のその他の医療関連業務、③医療機器等調達、医薬品・診断材料調達及び情報システム構築・整備・運用等の調達関連業務、④維持管理その他の業務、である。

高知医療センターは、２００５年３月に開院し、医業収益が計画を上回る水準を確保した一方で、２００６年以降は赤字が想定を超えて拡大した。こうした状況に対して県・市議会が経営改善を求める決議を出し、県知事・市長が事業実施法人に対して委託料等見直しにかかる協力要請を出すに至った。行政と事業実施法人は経営改善に向けた検討及び協議を続けたが、２００９年５月、事業実施法人から契約解除の申し入れがなされ、翌年３月にＰＦＩ事業契約が解除された（翌４月から直営方式による公立病院となった）。

近江八幡市民病院は、旧近江八幡市民病院が施設の老朽化や狭隘化が進んだことで、移転新築が求められていたところ、新しい公共施設整備手法としてPFIが注目されていたことからPFIを活用することが検討された。

PFIを実施する主体は、株式会社大林組を中心とするコンソーシアムが選定され、「PFI近江八幡株式会社」（事業実施法人）が設立された。事業実施法人は、概ね高知医療センター案件と同様の業務を担当することとなったが、若干の相違点として、ノンコア事業のうち医療機器の調達・保守点検や医薬品・診断材料の調達は公共（病院）の側に残された。

新しい近江八幡市民病院は、「近江八幡総合医療センター」として2006年10月に開院したが、旧病院が黒字経営であったことと裏腹に、開院直後から患者数が計画を大きく下回り、初年度から大幅な赤字を計上した。こうした事態を受けて近江八幡市が検討したところ、市の普通会計と病院などの公営事業会計を連結した実質赤字が財政再生団体に転落する危険のある水準に達していることが判明し、事業の見直しを迫られた。市は、事業実施法人と交渉し、違約金20億円を支払い、さらに病院施設を一括して事業法人から買い取ることで、従来の直営方式による公立病院を復活させた。

これらの失敗事例の検討から、病院PFIには以下のような課題があることが指摘されている。

まず、病院のコア業務である診療業務を担当する公共（病院）と、営利活動を前提としながらノンコア業務を担当する事業実施法人が円滑なコミュニケーションを取ることができない場合、病院全体の経営が効率化しない。

また、事業実施法人が担当するノンコア業務は幅広い種類に及ぶだけでなく高度の専門性を有することから、実際の業務は事業実施法人から多くの委託先に業務委託されており、事業実施法人がその全体を適切にマネジメントするには相当の能力を必要とする。このマネジメント能力が充分でない場合、複数の委託先が行う業務が協調して診療業務をサポートする環境をつくることができず、ノンコア業務が全体として非効率になる。

さらに、事業実施法人のマネジメント能力が不足する場合、コア業務を担当する公共（病院）のノンコア業務に対する要望が適時に業務委託先に伝達されず、医療現場での臨機応変な対応が阻害される。

そして、病院事業では診療報酬や薬価が数年ごとに改定され、また診療業務内容も変化するため、必要とされる運営業務や薬品・診断材料の調達業務が変化し、さらに医療機器や医療システムの更新も頻繁に行われる。法令等の変更その他の要因によって業務に短期的に変動が生じる一方で、ＰＦＩ契約は長期契約であるため、契約内容に柔軟性が求められる。

この他、自治体の側にＰＦＩに対する正しい理解が不足しており、ＰＦＩ化することによって、事業実施法人が様々な問題を容易に解決できるとの過大な期待が存在したことも指摘されている。

高知医療センターや近江八幡市民病院のＰＦＩ事業は、病院ＰＦＩの分野では「第1世代」と呼ばれ、後続する「第2世代」「第3世代」の事業では、そこで発見された課題に対応する工夫がなされているとされる。

しかし、病院ＰＦＩにとどまらず、運営重視型ＰＦＩにおいては、ＰＦＩ事業者が担当する業務を複数の委託先に業務委託した場合の業務全体のマネジメント、さらに公共が運営に関与する場合のコミュニケーションが適切になされない場合には、事業全体の効率が向上せず、ＰＦＩ手法が効果を発揮しないリスクがあることには留意が必要と思われる。

また、これは自治体がＰＦＩ事業を検討する場合全般に妥当することであるが、公共で運営していた際に生じた問題がＰＦＩによって解決するはずだといった安易な期待をせず、ＰＦＩを有効に機能させるための制度設計（行政によるガバナンスの確保、公民間の適切な役割分担）が可能であるか、可能であるとしてその条件はどういうものであるかを十分に検討する必要があることにも注意するべきである。

4 公共施設等運営権設定（コンセッション）方式による公共施設の管理・運営

コンセッション方式とは何か

公共施設等運営権設定（コンセッション）方式とは、２０１１年から導入されたＰＦＩの新しい類型である。既存の公共施設等につき、契約に基づき運営権を付与し、その維持管理及び運営を包括的に行わせることができる。

公共施設の管理・運営を包括的に行わせることなど指定管理者制度と似ている部分もあるが、指定管理者制度の根拠が地方自治法に基づく管理者の指定（行政処分）であるのに対し、コンセッション方式はＰＦＩ法に基づく契約を根拠とし、契約に基づき「公共施設等運営権」という物権（財産権）が与えられる点で大きな違いがある。

内閣府は、コンセッション事業の重点分野として、空港、道路、水道、下水道、文教施設、公営住宅及びＭＩＣＥ（Meeting, Incentive Travel, Convention, Exhibition/Event）施設を挙げる。

このうち空港については既に但馬、関西国際・大阪国際、仙台、神戸、高松及び鳥取の各空港においてコンセッション方式での運営事業を実施中であり、下水道については浜松市において運営事業を実施中である。以下、関西国際・大阪国際空港及び浜松市の下水道事業について、コンセッション方式の実施状況を概観する。

関西国際・大阪国際空港のコンセッション

関西国際空港は、世界初の本格的な海上空港として１９９４年に整備されたが、その建設費を賄うための巨額の債務（約１兆３０００億円超）による利払い（毎年度２００億円以上）が収支を圧迫し、国から利子補給金を受ける状況であった。

そこで、同一地域にあって競合関係に立つ大阪国際空港（伊丹空港）と経営統合してコンセッションを適用し、大阪国際空港のキャッシュフローや不動産価値を活用すると同時に、両者の関係を整理して経営効率の向上を図る方向が示され、２０１１年にいわゆる「関西・伊丹統合法」が成立した。そして、翌年４月には国が全株式を保有する新関西国際空港株式会社が設立され、関西国際空港のターミナルビルと滑走路等、また大阪国際空港の土地と滑走路等が同社に引き渡されることにより、両空港の経営統合が成立した。

しかし、空港は安全面や旅客保護のための航空法、空港法等による規制があり、ＰＦＩ法において公共施設等運営権方式が導入された後も、直ちにコンセッション方式を導入することはできず、国管理空港等の運営を民間に委託可能にする民活空港運営法の制定を待たなければならなかった。２０１３年７月に同法が施行されると、翌年10月から運営権者の募集手続が開始された。

事業者選定プロセスを経て選定されたのは、オリックス株式会社とフランス資本のヴァンシ・エアポート（VINCI Airports S.A.S.）を中心とするコンソーシアムであり、同コンソーシアムは関西エアポート株式会社を設立し、2016年4月から関西国際空港及び大阪国際空港の運営を開始した。さらに、神戸空港も神戸市によりコンセッションが導入されることとなり、こちらはオリックス、ヴァンシ及び関西エアポート株式会社が組んだコンソーシアムが運営権者に選定された。

その結果として、関西国際空港、大阪国際空港及び神戸空港は、一体として運営される体制が整備された。

2018年9月の台風21号では、この関西国際空港の人工島が高潮と高波で浸水し、ターミナルや滑走路、電気設備が使用できなくなり、さらに人工島と対岸を結ぶ連絡橋がタンカーの衝突で破損した結果、空港が閉鎖され利用客ら8000人が取り残される事態となった。

関西国際空港の人工島は毎年6センチメートルのペースで沈下が進むため、防潮堤の整備や護岸の嵩上げが行われてきたが、一部の区間での対応が遅れている中、今回の浸水が生じた。空港コンセッションにおいては、事業に関するリスクは原則として運営権者が負担することとされているが、この浸水が不可抗力によるものか、あるいは嵩上げの遅れを原因とするものかによって、復旧費用を含む損害の負担割合が変化する可能性があるとも指摘される。

こうした災害等による損害を誰がどのように負担するのかについて、契約上の明確なルール設定が望ましいものの、それが困難であることも事実である。負担割合の交渉がまとまらず、復旧に遅れが生じることがあれば、インフラとしての機能が長期にわたり阻害されることになりかねない。地震や台風といった災害が頻発する我が国において、事業に関するリスクを原則として運営権者に負担させることが、インフラに責任を持つ公共（国や自治体）のあり方として適切といえるのか（逆にいえば民間では負担しきれないような巨大なリスクが予見されるときでも、公共が責任を持つべきインフラにコンセッションを導入することが適切といえるのか）、関西国際空港の被害は重要な問いを投げかけているといえよう。

浜松市下水道のコンセッション

浜松市は、２０１６年5月、市全体の約5割の下水を処理する「西遠処理区」で稼働する３つの施設（西遠浄化センター、浜名中継ポンプ場、阿蔵中継ポンプ場）につき、２０１８年度からの下水道事業のコンセッション導入のための事業主体の公募を開始した。

公募結果は２０１７年3月に発表され、フランス資本のヴェオリア・ジャパン株式会社を代表企業とする「ヴェオリア・ＪＦＥエンジニアリング・オリックス・東急建設・須山建設グループ」が優先交渉権者に選定された。同グループは「浜松ウォーターシンフォニー株式会社」（運営権者）を設立し、浜松市とコンセッション契約を締結した。

運営権者は、浜松市に対して25億円の運営権対価を支払うこととされ、そのうち4分の１は事業開始前に支払い、残余は20年の事業期間中に分割して支払う予定である。また、浜松市には約86億円のコスト縮減効

浜松市公共下水道終末処理場(西遠処理区)運営事業

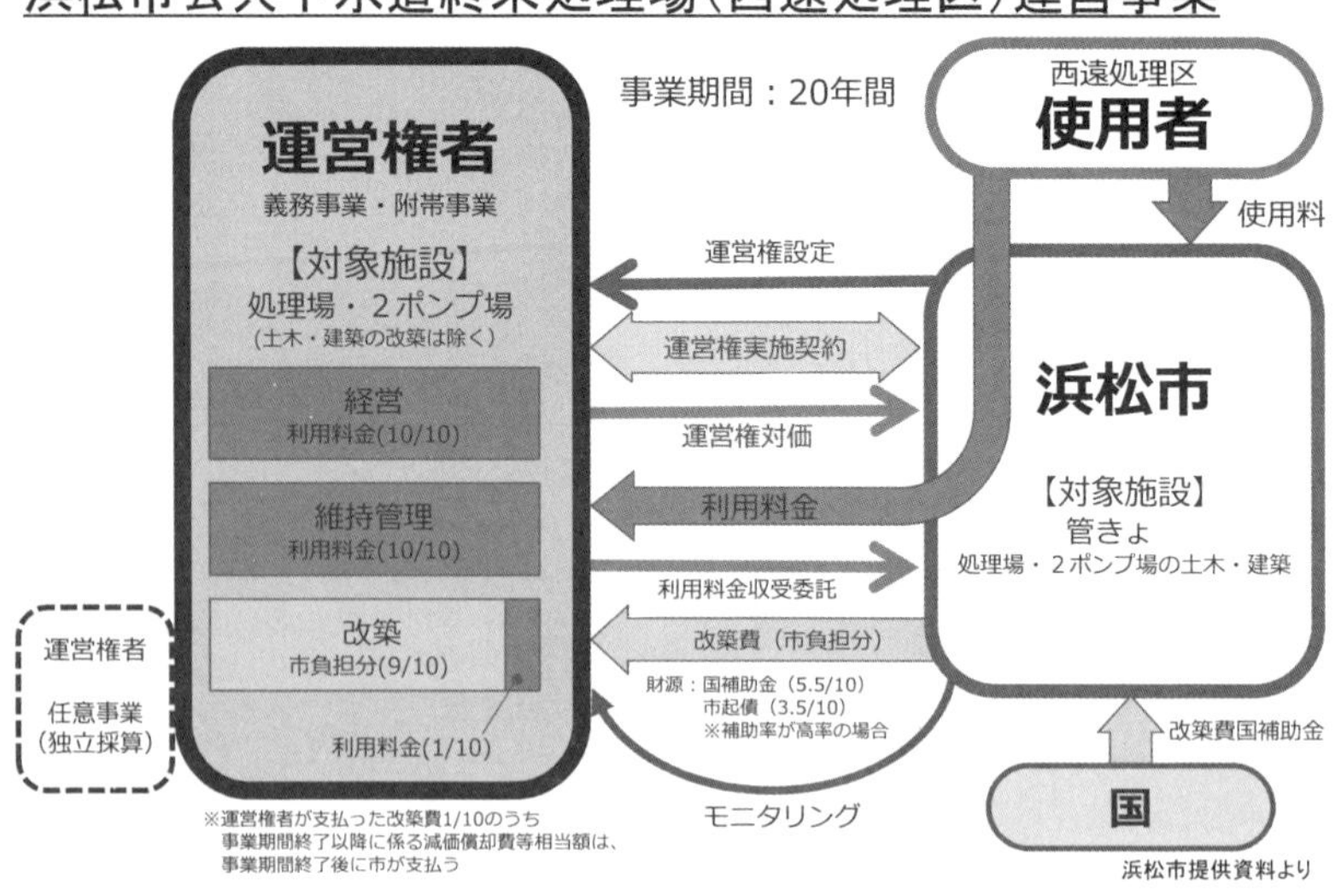

図4-3　浜松市下水道コンセッション(内閣府「PPP／PFI事例集」(平成30年10月)より)

果が生じる見込みとされている。

このコンセッション導入によって、「西遠処理区」と他の地区との間で下水道料金に変更は生じず、また下水道料金は従前と同様に市が一括して徴収した後、運営権者の収入となる利用料金部分を運営権者に支払うこととされている。

そしてこの利用料金は、利用者が支払う下水道料金の3割までの範囲で運営権者が設定・変更することが可能であるが、それを上回る割合を設定しようとする場合には条例の改正が必要とされている。

浜松市のコンセッション契約（公共施設等運営権実施契約）によれば、運営権者は、この条例の改正を求める協議を市との間で行うことができるが（46条）、協議を経て市が改正を拒んだ場合や、協議が調っても議会が条例改正案を拒んだ場合には、利用料金割合の変更が困難であると思われる。

他方で、コンセッションの導入からある程度の年月が経過すると、市の方に下水道業務に精通した職員が残らない可能性があり、その場合には、市側において、運営権者の利用料金割合変更提案の合理性及び妥当性を評価し、適切に協議を行うことができない（協議の主導権を運営権者に握られる）可能性もある。

また、第1章及び第2章で紹介された海外の水道事業においては、民営化後の経営の不透明性が大きな問題となってきた。事業運営が公共の要求水準に達しているか、また運営権者の財務状況や経営状況が適正であるかは、事業の適正な実施とリスクコントロールのために十分に確認する体制が必要とされる。

そこで、コンセッション契約では、運営権者自身によるモニタリング、市によるモニタリングに加え第三者機関が実施するモニタリングを規定している（57条及び58条）。

ただし、市はモニタリングを実施するうえで知り得た事業について、運営権者の事前の承諾がない限り第三者に開示してはならないとされており（96条）、また、情報公開についても、運営権者等の営業機密に該当する情報は、開示が困難である。議会や市民に十分な情報が提供される状況が確保されているのか、透明性に不安が残る規定といえる。

5 自治体業務の外部委託

自治体業務の外部化の歴史

自治体業務の外部委託は、戦後の地方自治制度が発足して間もない1952年の地方公営企業制度に遡ることができる。地方公営企業は、自治体が運営する病院、水道、交通機関等の公共サービスについて、企業的な管理手法と会計制度を導入し、独立採算制性を高めて経営の効率化を図ることを目的として導入されたものである。

公営企業化されなかった自治体のサービスについても、自治体の財政状況の改善を目的として、一貫して外部化が図られてきた。たとえば1967年の「今後における定員管理」（閣議決定）では、国の公務員の定数削減に加えて、自治体においても国の措置に準じて措置することが決定され、これを受けた自治省事務次官通知では、単純な労務によって遂行可能な事務や常時定員を設置することが不合理な時期的変動が多い事務については民間委託を考慮することとされた。

国と地方における行政改革の流れは、高度成長期が終わった1970年代から80年代に加速する。第二次臨時行政調査会の最終答申（1983年）には、地方自治体の行財政の合理化や効率化が求められる趣旨が述べられ、これを受けて自治省は、「地方における行政改革推進の方針」を策定した。そこでは、自治体の「事務事業の見直し」、「組織・機構の簡素合理化」、「給与の適正化」、「定員管理の適正化」、「民間委託・ＯＡ化等事務改革の推進」、「会館等公共施設の設置及び管理運営の合理化」、「地方議会の合理化」といった７つの重点項目が挙げられていた。

その後、日本経済が低迷した１９９０年代には、地方分権の推進と地方自治の充実に向けた改革が行われる一方で、地方自治体における行政改革もあわせて進められた。「国から地方へ」という流れと「官から民へ」という流れが同時に進んだのである。自治省が１９９７年に通知した「地方自治・新時代に対応した地方公共団体の行政改革推進のための指針の策定について」では、民間委託を含む11項目の改革方針が提示された。

１９９０年代から２０００年代の議論の特徴は、これまでの財政難を背景とする行政経費の削減という視点だけでなく、先進諸国で提唱された新しい行政手法・ニュー・パブリック・マネジメント（ＮＰＭ）にならい「民間にできるものは民間に委ねる」という官民の役割の見直しの視点が強調されるようになったことである。同時に、ＰＦＩ、指定管理者制度、地方独立行政法人といった自治体の公共サービスを外部化するための制度整備が進み、これらによって公共施設等の管理・運営が外部化されていった。

他方で、国が地方自治体に繰り返し示した行政改革指針では、「定員管理の適正化」も要請されており、自治体においては、退職者不補充とセットになった行政サービスの外部委託も進められた。これは、ごみ処理、学校給食、学校事務といった現業職員が従事する業務が中心であったが、それ以外の業務にも対象が拡大されていった。

内閣府の「行政サービスの民間開放等に係る論点について」（2003年）では、「事務・業務の実施主体等に関する制限の緩和」として、「地方公共団体の行う行政事務・業務の中には、法令等により、地方公共団体が行うべき、あるいは地方公共団体の職員でなければ行えない等の制限が設けられているものや、専門的な職員の設置等が義務づけられているものが存在している。最近の民間セクターにおけるサービス産業の多様化・発展や民間企業における業務のアウトソーシング事例の蓄積等の環境変化にかんがみれば、このような業務の実施主体等に対する制限を見直すことが適当なものもあるのではないかと考える」とされている。

さらに、総務省大臣通知「地方行政サービス改革の推進に関する留意事項について」（2015年）では、「窓口業務は、住民サービス提供の最前線である。社会保障・税番号制度の導入等を踏まえ（中略）……行政手続のオープン化・アウトソーシングによる利用者の機会費用の削減・窓口の混雑緩和等、住民の利便性向上につながるよう業務方法の見直しを行うこと」とされている。

自治体窓口業務の外部委託

このような中、内閣府は「市町村の出張所・連絡所等における窓口業務に関する官民競争入札又は民間競争入札等により民間事業者に委託することが可能な業務の範囲等について」（2008年、2015年改訂）と題する文書を自治体に向けて発出した。これは、自治体において特に民間委託のニーズがあるとされる25の窓口業務について、民間事業者に委託可能な範囲や委託の際の留意事項等を取りまとめたものである。

自治体の中にも、積極的に窓口業務を民間事業者に委託しようとするものが現れる。たとえば足立区は、

２０１４年1月から戸籍・住民票等証明窓口の民間委託を開始した。

しかし、同年2月には、法律上の判断が必要であって区の職員が行うべき戸籍届の受理（公権力の行使に係る事務）を委託業者が行っていたとして、東京法務局の立ち入り調査を受けることとなった。また、後述する労働者派遣法違反の問題を指摘され、同年7月には東京労働局によって業務委託の態様が労働者派遣法に違反する「偽装請負」に該当すると認定され、是正指導を受けた。

こうしたことから総務省は、「地方公共団体の窓口業務における適正な民間委託に関するガイドライン」（２０１６年）を策定し、窓口業務を民間委託する際の課題を整理し、それらの課題に対応するための留意事項をまとめている。

国は、民間委託にはこうした課題があり、民間への外部化を推進するには限界があることを認識した。そこで、２０１７年に地方独立行政法人法を改正し、民間委託ができない公権力の行使を含む包括的な業務について、地方独立行政法人における処理を可能とした（２０１８年4月から施行）。

現在、静岡県掛川市や和歌山県橋本市などが、総務省の業務改革モデルプロジェクト事業の委託団体として、地方独立行政法人を活用した窓口業務改革に取り組んでいるとされる。

直近の「経済財政運営と改革の基本方針２０１８」（いわゆる「骨太の方針」）では、「窓口業務の委託について、地方独立行政法人の活用や標準委託仕様書等の拡充・全国展開などの取組を強化し、その状況を踏まえ、トップランナー方式の２０１９年度の導入を視野に入れて検討する」とされている。国は、地方自治

窓口等の民間委託の実施状況について

	履行期間	受託事業者	契約金額	削減定員数	区民サービス等
戸籍住民課	平成28年4月1日～ 平成33年5月31日	富士ゼロックス システムサービス 株式会社	700,267,680円	常勤16名 非常勤8名 ※　削減定員数は、右記区民サービス等の向上部分を直営で実施した場合を想定して算出した数。	・　受付窓口数の増（8→16） ・　フロアマネージャーの増（昼休憩時のみ1→常時3） ・　番号発券機の増（1→2） ・　昼休憩時間の窓口応対の強化 ・　待ち時間のリアルタイム表示
国民健康保険課	平成26年4月1日～ 平成31年3月31日	NTTデータ・ ベルシステム２４・ DACS共同事業体	1,656,166,392円	常勤57名 非常勤31名 臨時7名	・　繁忙期に応じた柔軟な人員配置 ・　委託により生み出した人員は重点分野（滞納整理対策強化）へ
介護保険課	平成26年4月1日～ 平成31年3月31日	パーソル テンプスタッフ 株式会社	689,683,248円	常勤11名 非常勤3名	・　閑散期、繁忙期に応じた柔軟な職員体制の確保
会計管理室	平成26年4月1日～ 平成30年9月30日	株式会社パソナ	200,772,000円	常勤9名	・　委託に伴う事務の標準化による全庁的事務効率向上
保健センター（東部を除く４センターの窓口）	平成28年4月1日～ 平成33年3月31日	株式会社パソナ	881,650,656円	常勤17名 非常勤9名	・　委託により生み出した人員は重点分野（ＡＳＭＡＰ事業）へ

図4-4　足立区における窓口等の民間委託の実施状況（足立区公表資料・2018年4月現在）

体の窓口業務の外部化をさらに推進する方向性を明確にしており、先進的な自治体が達成した経費水準の内容を地方交付税の単位費用の積算に反映する「トップランナー方式」（いわばアメとムチ）によって、自治体を窓口業務の外部化の方向へ誘導する方針である。

民間委託が抱える問題点

前述した自治体の窓口業務の外部委託については、いくつかの観点からの問題が指摘されている。

まず、民間に業務委託した場合の法的問題である。民間への業務委託の場合、法令上、委託可能な範囲には限定があり、窓口における受付・引渡し・入力といった事実上の行為又は補助的行為は委託可能である一方で、「請求や届出の審査」、「交付・不交付の決定」、「請求、届出等の記載内容が不十分な場合、添付書類が不適当な場合で、補正の要否に裁量的判断を要する場合の指摘」といった「公権力の行使」にわたる行為は委託の範囲に含めることができない。

そうすると、窓口における一連の業務の一部のみを民間に委託し、「公権力の行使」にわたる部分は職員が行う必要があるため、業務全体が細切れになってしまい、効果的な委託が困難であると指摘されている。

この点を解消するために、国は地方独立行政法人法を改正し、地方独立行政法人に対する包括的な委託を可能にしようと考えているが、この方法にも後述するような問題がある。

次に、労働者派遣法に関する問題が存在する。窓口業務の民間への業務委託を行った場合、民間事業者は「公権力の行使」にわたる業務を行うことができず、書類の受け渡しや入力作業といった補助的、事実上の行為しか行うことができないため、委託業者の労働者が自治体職員から独立して業務を遂行することができず、現場において職員の指示を仰ぐことや、逆に職員の側から助言や指示を出すことが想定される。このような場合、職員と労働者との間で指揮命令関係が存在し、そのような指揮命令関係の下で業務処理がなされていると認められ、契約形態にかかわらず実質的に労働者派遣法の労働者派遣に該当するとみなされる（いわゆる「偽装請負」）。

そして、偽装請負に該当する場合、派遣元とみなされる業務委託先は労働者派遣業の許可が必要となり、自治体も労働者派遣法の規制に服することとなる。

この偽装請負問題を回避するため、総務省ガイドラインでは、適正な民間委託のための業務の設定、明確な業務範囲の設定、十分な業務遂行能力を有する事業者の選定、委託の始期における引継ぎ、職員と委託先との執務スペースの区分、業務遂行中の職員の関与の仕方、といった事項について留意すべき点をまとめている。

しかし、こうした対応によっても偽装請負との認定を確実に回避できるか否かは個別具体的な事実関係によって判断されるので、どこまでもリスクが残ってしまう。また、偽装請負を回避するために様々な対応をしなければならないことは、後述するように自治体が民間委託に二の足を踏む要因となっている。

また、自治体における個人情報保護との関係でも問題が指摘される。窓口業務の民間委託においては、住民に関する様々な個人情報を取り扱うこととなるため、個人情報の保護に関して特に配慮が必要である。総務省ガイドラインでは、自治体は、窓口業務の民間委託においても個人情報が適正に取り扱われ、漏えい等が生じないように、十分な体制整備を行わなければならないとしている。

このことも、自治体における民間委託推進の阻害要因となっているとされる。


総務省の調査によれば、2016年4月1日現在、すべての市区町村のうち、何らかの窓口業務を委託しているものの割合は15・8パーセントであった。しかし、政令指定都市では80パーセント、中核市では62・8パーセント、特別区では78・3パーセントと、一定以上の規模の自治体では窓口業務の民間委託が推進されていることがわかる。

また、この調査では、市区町村に対して窓口の民間委託推進を阻害又は躊躇させる要因を3つ尋ねているが、最も多くの自治体（54パーセント）が挙げたのは「個人情報の取扱いに課題があること」であり、次に「サービスの質の低下の恐れがあること」及び「制度上職員が行うこととされている事務であること」（いずれも34パーセント)、そして「労働者派遣法(偽装請負等)との関係で躊躇すること」(31パーセント)であった。

内閣府も市区町村に対してアンケート調査を行っている(2015年8月〜9月)。これによれば、窓口業務を民間委託した場合のメリットとして市区町村が挙げているのは「定員削減・配置転換」、「事務量増大への対応」及び「接遇向上」であり、経費節減効果は余り期待されていない。

他方で、この調査においては、窓口業務を民間委託する際の課題として、「個人情報の取扱い」、「経費節減効果がないこと」及び「業務の切り分けが困難であること」が挙げられている。

このうち「業務の切り分けが困難であること」とは、総務省の調査における「制度上職員が行うこととされている事務であること」や「労働者派遣法(偽装請負等)との関係で躊躇すること」に対応しているものと思われる。

地方独立行政法人への委託の問題点

地方独立行政法人法の改正は、前述した民間事業者への業務委託の場合の問題(「公権力の行使」にわたる業務を行うことができず、自治体職員と独立して業務を遂行できないため、偽装請負を疑われる意思疎通が必要となってしまうこと)を回避することが目的とされている。

そのため、地方独立行政法人は、自治体の窓口業務のうち定型的なものについて、「公権力の行使」にわたる業務を、自治体又は自治体の長その他の執行機関の名において行うことが認められる。具体的な業務執行は、地方独立行政法人の自律性、自主性に委ねられるとされている。

しかし、地方独立行政法人が、自治体の「公権力の行使」にわたる業務について、自治体から離れて自律的、自主的に執行することができることは、自治体の権限を別の存在が行使できることを意味しており、ガバナンスが問題となりうる。

この点、地方独立行政法人法では、自治体が地方独立行政法人に対し、情報提供・指導助言、報告徴収・立入検査、監督命令、停止命令及び直接執行等を通じて強く関与することを可能とし、ガバナンスの確保を図っているとされる。

このことは、自治体が、自ら設立した地方独立行政法人に対して業務委託する場合には妥当する。しかし、自治体が、別の法人である地方独立行政法人を自ら設立し、これに対して業務や組織に強く関与した場合、窓口業務の外部委託のメリットはどこにあるのだろうか。

委託した業務を執行するに足りるだけの人員を地方独立行政法人に確保した場合、「定員削減・配置転換」、「事務量増大への対応」といった外部委託のメリットが生じるようには思われない（自治体本体で人員を確保すれば良いだけのことである）。またこの場合、地方独立行政法人において確保する人員（労働者）の待遇を自治体職員と比較して低く抑えない限り、経費節減の効果も期待しがたいと思われる。「官製ワーキング・プア」を作り出すのではないかとの指摘がある。

地方独立行政法人法の改正では、複数の自治体による地方独立行政法人の共同活用の仕組みも用意されている。

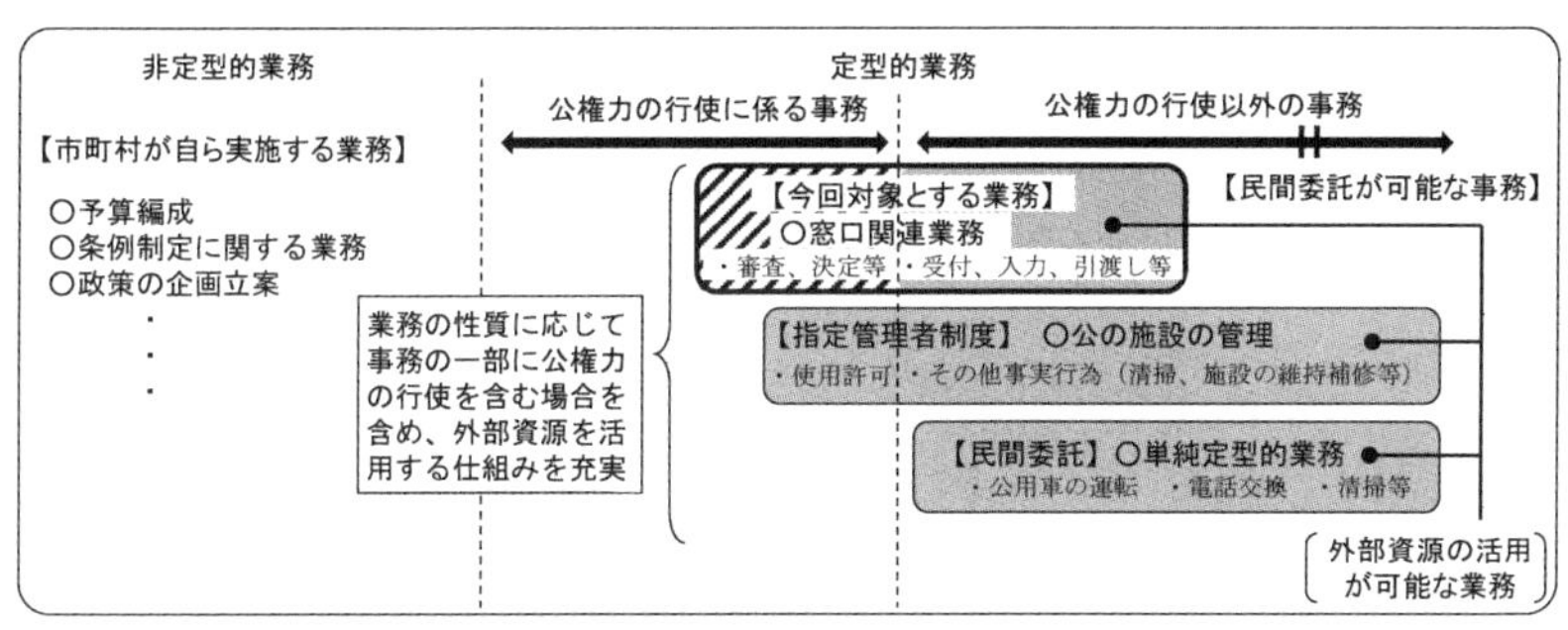

図4-5　自治体業務の外部委託の範囲（イメージ）（総務省・「地方独立行政法人制度の改革に関する研究会報告書（概要）」より）

これには、①複数の自治体が共同で地方独立行政法人を設立し、そこにそれぞれの窓口業務を委託する方法と、②ある自治体が設立した地方独立行政法人に対して他の自治体が窓口業務を委託する方法が想定されている。いずれにせよ、1つの地方独立行政法人が複数自治体の窓口業務を一括して行うことになる。

この場合、自治体間で業務フローを標準化し、クラウドを活用することにより、スケールメリットを活かし、人員の確保や経費節減といった効果も期待することが考えられる。

他方、独立行政法人に対するガバナンスの点では、業務を委ねた複数の自治体やその議会による統制が適切になされうるのか、統制が及ばなくなったり、逆に複数の自治体からの統制が効きすぎて地方独立行政法人の柔軟な運営に支障が生じることがないのか、といった問題が挙げられる。

外部化の先にある「公共」とは

このように見ていくと、自治体の窓口業務の外部化には、大きな問題があるように思われる。

まず、民間事業者であれ地方独立行政法人であれ、通常は行政経費の削減につながるものではなく、仮にこれを実現しようとすれば、委託先で確保する人員（労働者）を削減したり、その待遇を、同様の職務を行う自治体職員と比較して相当程度引き下げなければならない。これは新たな官製ワーキングプアをつくり出すことにほかならない。

また、自治体の業務から住民に直接接する機会である窓口業務のみを切り離して組織を断片化することにより、自治体が住民の置かれた状況を知る機会を失うことにも留意する必要がある。自治体の窓口では、個別の申請を契機として、定型的な事務処理になじまない住民側の様々な事業を察知し、各部署の協力を得ながら対処しなければならないことが少なくないといわれる。

たとえば、ある自治体において児童虐待により一時保護となった児童が他の自治体に転居することとなった場合、通常は転出元から転入先の自治体に対して情報提供がなされ、転出先自治体において援助方針の検討といった対応がスタートする。この場合、自治体は、部署間を横断して様々な機会を捉えて親子の様子を観察するものであり、その機会の中には、住民異動届（転入届）の提出時、国民健康保険関係や国民年金関係の受付時、児童手当関係の受付時などが含まれる。

こうした場合に、窓口業務が民間事業者や地方独立行政法人に委託されていれば、窓口は部署間の連携から外れることとなり、その分だけ児童福祉に携わる部署のセンサーが失われることとなる。

さらに、定型化している業務であれば、「公権力の行使」にわたる業務であっても外部化することが許されるとの議論は、今後他の業務分野へと拡大することが懸念される。自治体が行う業務の中でも、人事、経理、総務及び情報システム管理などのバックオフィス業務については、「先進的な業務改革の取組」の名の下、窓口業務の外部委託の場合と同様の論理によって、民間のバックオフィス業務代行業者や地方独立行政法人への委託化が進められる可能性がある。

すでに、清掃や学校事務、公営企業体などのいわゆる現業分野において、外部委託は相当程度進んでいる。さらに現在進行中の窓口業務の外部化によって住民と日常的に向き合う窓口を失い、その他の「公権力の行使」にわたる業務も虫食い状に外部化されたとき、組織が断片化した自治体はどのような姿になるのか。専門の職員を持たず、住民との交渉も希薄になり、机上で企画と政策の立案ばかりを行う自治体行政になってしまえば、地域の「公共」を支える主体としての能力と正統性を保ちつづけることは困難であろう。

【参考文献】

大迫丈志「公共施設の整備・運営における民間活用―ＰＰＰ／ＰＦＩ推進の方向性と課題―」（『調査と情報―ISSUNE BRIEF』第９５２号、２０１７年）
総務省「公の施設の指定管理者制度の導入状況等に関する調査結果」（２０１６年3月）
[http://www.soumu.go.jp/main_content/000405023.pdf]（最終検索日：２０１８年11月10日）
新宿区「指定管理者制度導入施設一覧（平成30年度）」（２０１８年8月13日現在）
[https://www.city.shinjuku.lg.jp/content/000243515.pdf]（最終検索日：２０１８年11月10日）
日本教育法学会編『教育法の現代的争点』（法律文化社、２０１４年）３００―３０３ページ

図書館友の会全国連絡会『「ツタヤ図書館」の〝いま〟―公共図書館の基本ってなんだ？―』（２０１８年）
日向咲嗣、「ツタヤ図書館、ＣＣＣ系列店から古い実用書等のクズ本を大量購入！異常な高値でも大量購入」（２０１６年5月30日）
[https://biz-journal.jp/2016/05/post_15283.html]（最終検索日：２０１８年11月10日）
日向咲嗣、「ツタヤ図書館、料理・美容・旅行の古本を大量購入…価値1円の本を千円で購入」（２０１６年6月25日）
[https://biz-journal.jp/2016/06/post_15634.html]（最終検索日：２０１８年年11月10日）
川本裕司、「ツタヤ図書館、利用できない書棚に１０００万円」（２０１８年2月20日）
[https://webronza.asahi.com/national/articles/2018021800004.html]（最終検索日：２０１８年11月10日）
日向咲嗣、「ツタヤ図書館、強引にＣＣＣへ委託先決めた市教委委員長が新館長就任か…再び天下り人事疑惑」（２０１６年11月17日）
[https://biz-journal.jp/2016/11/post_17202.html]（最終検索日：２０１８年11月10日）
内閣府「ＰＰＰ／ＰＦＩ事業 事例集」（２０１８年7月）
[http://www8.cao.go.jp/PFI/PFI_jouhou/jigyou/jireisyu/pdf/jireisyu.pdf]（最終検索日：２０１８年11月10日）
丹生谷・福田編『コンセッション・従来型・新手法を網羅したＰＰＰ／ＰＦＩ実践の手引き』（中央経済社、２０１８年）
佐野修久「契約解除事例からみた病院ＰＦＩ事業の課題」（『年報 公共政策学』5号、２０１１年、57―78ページ）
堀田真理「わが国における病院ＰＦＩをめぐる現状と課題」（『経営論集』75号、２０１０年、１４９―１７２ページ）
藤井聡「今後の病院ＰＦＩ導入に関する考察―求められる病院経営の強化―」（『東洋大学ＰＰＰ／研究センター紀要』7巻、1―19ページ）

内閣府「コンセッション事業等の重点分野の進捗状況」(２０１８年7月)
[http://www8.cao.go.jp/PFI/concession/pdf/concession.pdf](最終検索日：２０１８年11月10日)
三井住友トラスト基礎研究所「コンセッション方式を活用した空港事業の民営化 Ver.001」(２０１６年)
[https://www.smtri.jp/market/infra_ivst/pdf/InfraUPDATES_Concession.pdf](最終検索日：２０１８年11月10日)
山本・佐藤『新しい上下水道事業　再構築と産業化』(中央経済社、２０１８年)85－99ページ
藤井誠一郎『ごみ収集という仕事　清掃車に乗って考えた地方自治』(コモンズ、２０１８年)
内閣府「窓口業務の民間委託に関する検討」(２０１６年3月)
[http://www5.cao.go.jp/keizai-shimon/kaigi/special/reform/wg3/280316/shiryou1.pdf](最終検索日：２０１８年11月10日)
武藤博己「行政サービスを外部化する場合の課題」(『都市とガバナンス』Vol. 27、２０１７年、36－43ページ)
武藤博己「独立行政法人の業務への窓口関連業務等の追加」(『地方議会人』２０１７年8月号、２０１７年、24－28ページ)
榊原秀訓「地方独立行政法人による窓口業務の包括的処理の問題」(『住民と自治』２０１８年7月号、２０１８年、26－30ページ)

第5章

PFIとは何か

三雲　崇正

1　ＰＦＩという言葉の意味

民間の能力を活用した公共施設の整備

ＰＦＩとは、Private Finance Initiative（プライベート・ファイナンス・イニシアティブ）の略語である。公共施設等の建設、維持管理、運営等を民間の資金、経営・技術能力を活用し、その効率化やサービス向上を目指す手法とされる。

第3章で紹介したとおり、ＰＦＩはサッチャー政権による構造改革後の英国において導入され、その後、世界中の国々で採用されるようになった。日本では、１９９９年に民間資金等の活用による公共施設等の整備等に関する法律（以下「ＰＦＩ法」）が制定されることで、法律上の位置づけを与えられている。

ＰＦＩ法1条は、同法の目的として、

「この法律は、民間の資金、経営能力及び技術的能力を活用した公共施設等の整備等の促進を図るための措置を講ずること等により、効率的かつ効果的に社会資本を整備するとともに、国民に対する低廉かつ良好なサービスの提供を確保し、もって国民経済の健全な発展に寄与することを目的とする」と規定している。

このことから、日本におけるＰＦＩは、

「効率的かつ効果的に社会資本を整備するとともに、国民に対する低廉かつ良好なサービスの提供を確保し、

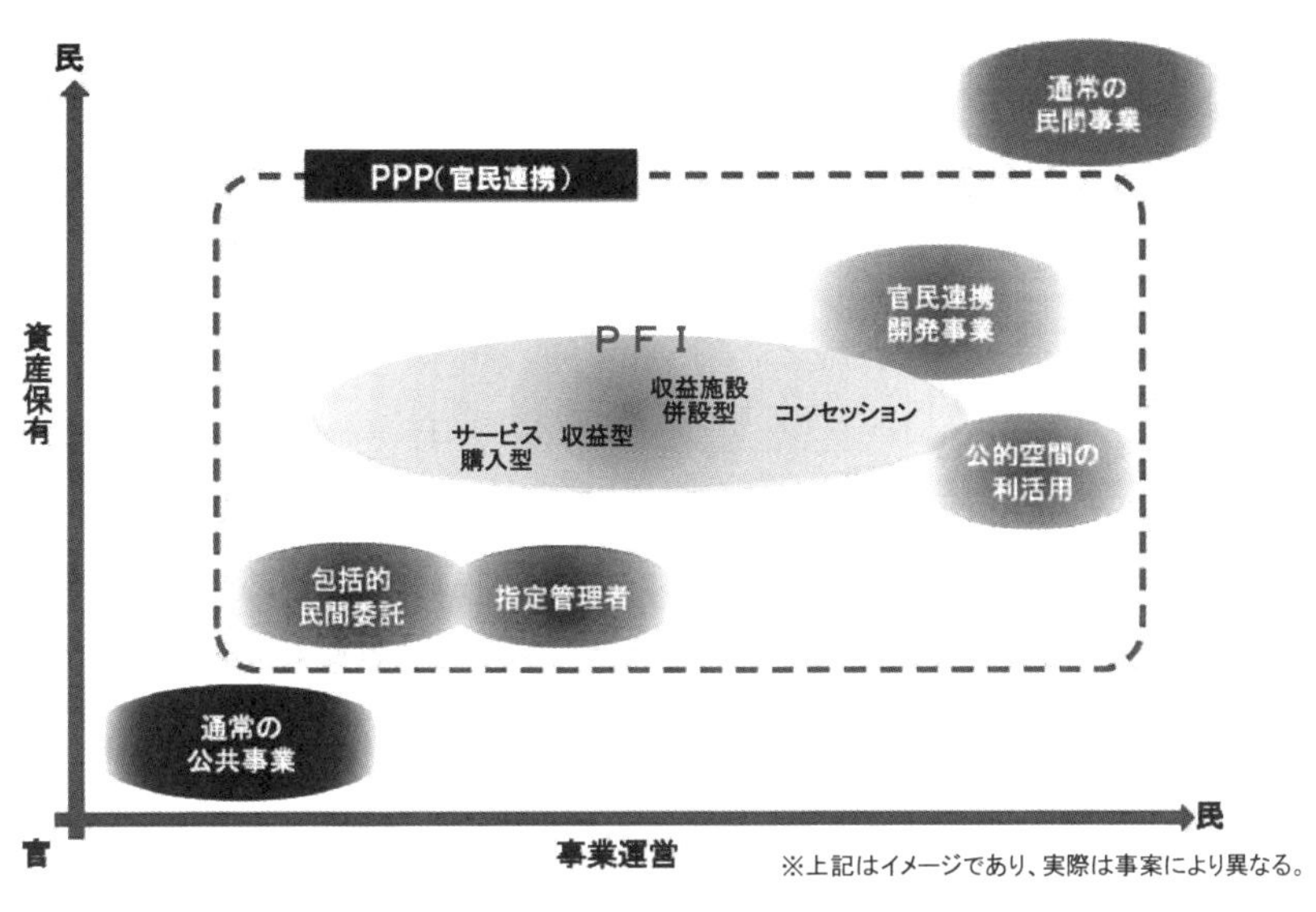

図5-1　PPP／PFIの概念図（内閣府「PPP／PFIの概要」より）

もって国民経済の健全な発展に寄与することを目的」として、「民間の資金、経営能力及び技術的能力を活用した公共施設等の整備等」を行うことであると理解される。

なお、ＰＦＩの他に、公共サービスの運営に関して民間が参画する手法を幅広く捉えたＰＰＰ（Public Private Partnership／パブリック・プライベート・パートナーシップ）という言葉がある。

これは民間の資本やノウハウを活用することで公共サービスの効率化や向上を目指す点でＰＦＩと同様であるが、「公共施設等」の建設、維持管理や運営等に限定されない点で、より広い概念であるとされる。

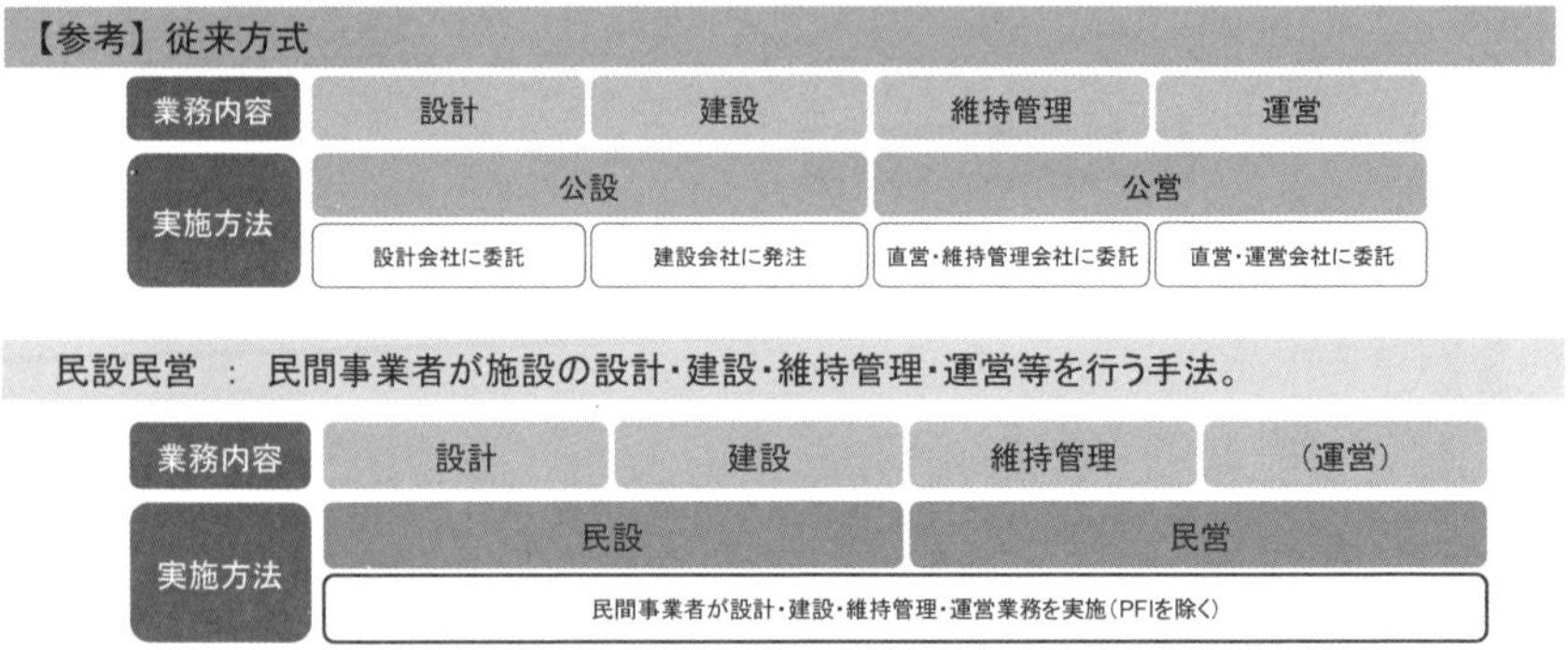

【参考】従来方式

業務内容	設計	建設	維持管理	運営
実施方法	公設		公営	
	設計会社に委託	建設会社に発注	直営・維持管理会社に委託	直営・運営会社に委託

民設民営 ： 民間事業者が施設の設計・建設・維持管理・運営等を行う手法。

業務内容	設計	建設	維持管理	（運営）
実施方法	民設		民営	
	民間事業者が設計・建設・維持管理・運営業務を実施（PFIを除く）			

図5-2 「公設公営」と「民設民営」の図
（国交省「PPP／PFIへの取組みと案件形成の推進」より）

2 PFIの類型

PPP／PFIの分類

PPP／PFIは、公共と民間の関与の方法や度合いによっていくつかに分類される。

まず、従来型の公共施設等を活用した公共サービスは、施設の設計、建設、維持管理及び運営のすべての業務について、公共が責任を負う（「公設公営」）。

もちろん、それぞれの業務を設計会社、建設会社、建物の維持管理会社やサービスの運営会社に業務委託することも可能であるが、委託にあたっては、業務の細部にわたって仕様を決定して発注することが一般である。

これと対極にあるのが、民間事業者が施設等の設計・建設からその維持管理・運営までの全体について責任を負う「民設民営」であるが、公共サービスについてこれを適用することは、完全な民営化

デザインビルド（DB）：民間事業者に設計・建設等を一括発注・性能発注する手法。

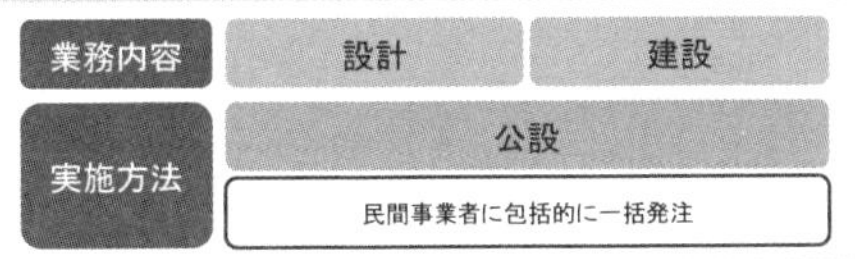

包括民間委託：民間事業者に維持管理（・運営等）を長期契約等により一括発注・性能発注する委託手法。

指定管理者制度：地方自治法に基づき、公の施設の維持管理・運営等を、民間事業者等を指定して実施させる手法。

図5-3 「デザインビルド（DB）」「包括民間委託」「指定管理者制度」
（国交省「PPP／PFIへの取組みと案件形成の推進」より）

を意味する。たとえば、第3章で紹介した英国における水道事業の民営化や、日本での国鉄（鉄道事業）の民営化がこれに該当する。

ＰＦＩ法が成立する以前から、この「公設公営」と「民設民営」の間に、民間事業者を関与させ、そのノウハウを活用するいくつかの手法が存在した。

たとえば、公共施設等の設計・建設の業務を民間事業者に一括して性能発注する「デザインビルド（ＤＢ）」といわれる手法である。

性能発注とは、公共施設等の細かな仕様について公共の側で決定するのではなく、公共施設等の性能（どのようなサービスを、どのように提供する施設であるのか）を公共が決定した後、発注を受けた民間事業者の創意工夫でその性能を満たす仕様を決定し、設計・建設を行う発注の仕方をいう。

完成した公共施設等は公共に引き渡され、その後の維持管理・運営は公共が責任を負うことになる。

また、公共施設等の維持管理・運営については、これらを民間事業者に一括して性能発注する「包括民間委託」という手法がある。これに類似する手法として、地方自治法に基づき、公共施設の維持管理・運営につき民間事業者を指定して実施させる「指定管理者制度」も２００３年から活用されている。

２０１１年のＰＦＩ法改正

１９９９年に始まったＰＦＩは、公共施設等の設計、建設、維持管理及び運営のすべての業務について、ＰＦＩ法に従った契約に基づき、民間事業者に一括して性能発注する手法である。「デザインビルド（ＤＢ）」、「包括民間委託」、「指定管理者制度」と異なり、設計、建設、維持管理及び運営のすべての業務について、民間事業者が包括的に実施すること（ＰＦＩ事業契約の下での「民設民営」）に大きな特徴がある（このＰＦＩにもさらに分類があるが、それは後述する）。

ただし、ＰＦＩ法に基づくＰＦＩは、公共施設等の建設を伴うものであったが、公共サービスの多くは既存の公共施設等を利用して行われており、これらについて「包括民間委託」や「指定管理者制度」のレベルを超えて、公共が一定の枠組みを定めた上での「民営」を行う手法は存在しなかった。

そこで、２０１１年のＰＦＩ法改正により、「公共施設等運営権方式（コンセッション方式）」のＰＦＩが導入された。「公共施設等運営権方式」の下では、既存の公共施設等に関し、「議会の選択（自治体の場合）」に基づき、その運営権を付与し、維持管理・運営事業を包括的に行わせることが可能になった。

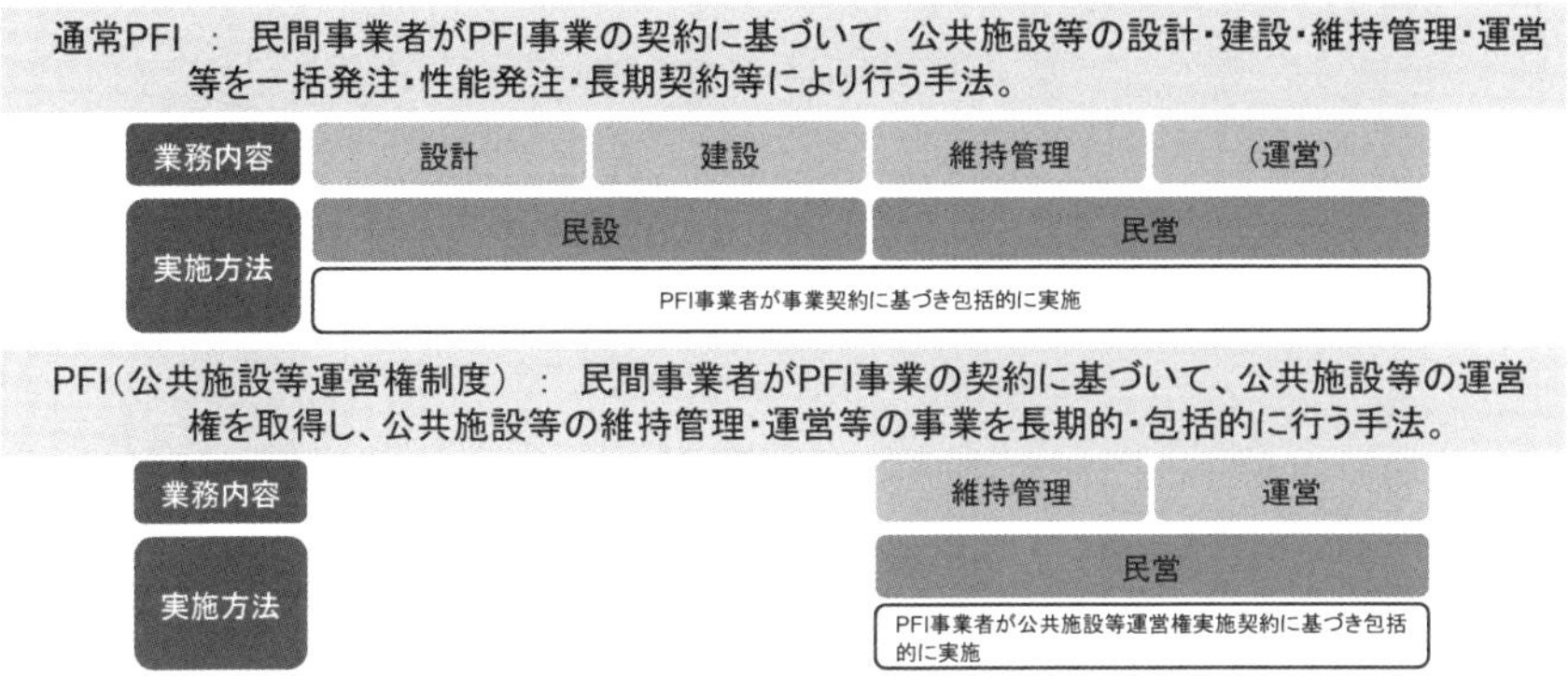

通常PFI ： 民間事業者がPFI事業の契約に基づいて、公共施設等の設計・建設・維持管理・運営等を一括発注・性能発注・長期契約等により行う手法。

業務内容	設計	建設	維持管理	（運営）
実施方法	民設		民営	
	PFI事業者が事業契約に基づき包括的に実施			

PFI（公共施設等運営権制度） ： 民間事業者がPFI事業の契約に基づいて、公共施設等の運営権を取得し、公共施設等の維持管理・運営等の事業を長期的・包括的に行う手法。

業務内容			維持管理	運営
実施方法			民営	
			PFI事業者が公共施設等運営権実施契約に基づき包括的に実施	

図5-4 「従来型PFI」と「公共施設等運営権方式」の図
（国交省「PPP／PFIへの取組みと案件形成の推進」より）

この「運営権」は単なる契約上の地位ではなく、法律によって設定された物権であり、対価をもってこれを譲渡し、あるいはこれに担保権を設定することも可能である点に特色がある。

つまり、民間事業者は「運営権」を差し出すことにより資金調達を行うことが可能になったのである。

3 PFIの分類

公共施設等の所有が公共と民間いずれにあるかによる分類

ＰＦＩには様々な手法があるが、大きく

・公共施設等の所有が公共と民間いずれにあるかによる分類

・事業の費用がどのように賄われるかによる分類

がある。

前者は公共施設等の所有権移転時期に着目し、以下の３つの方式に分類される。

①ＢＴＯ（Build Transfer and Operate）方式

……施設の完成直後に所有権が公共に移転し、民間事業者は維持管理・運営を行う

②ＢＯＴ（Build, Operate and Transfer）方式

……施設完成後も所有権が民間に残り、維持管理・運営期間が満了したときに公共に移転する

③ＢＯＯ（Build Operate and Own）方式

……施設完成後も、維持管理・運営期間満了後も所有権が民間に残る

●BTO方式［Build-Transfer-Operate方式］

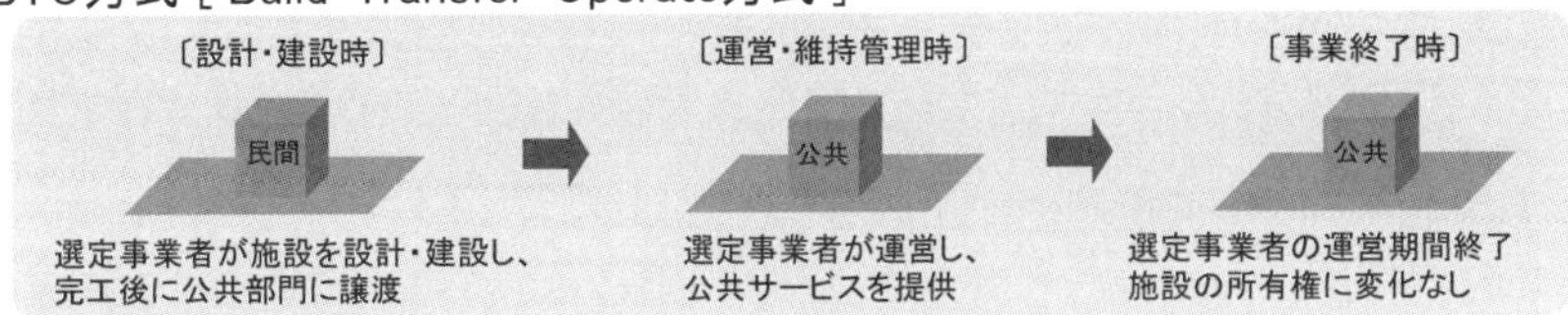

●BOT方式［Build-Operate-Transfer方式］

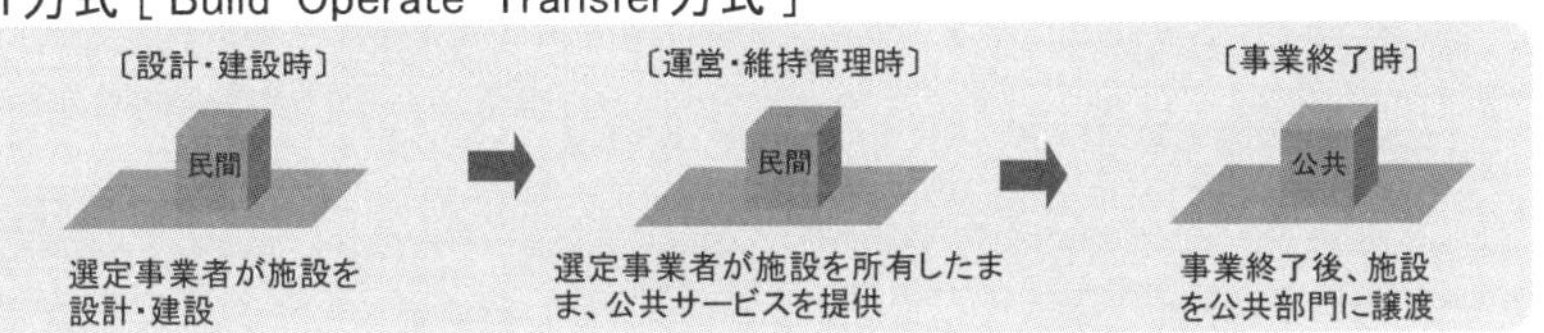

●BOO方式［Build-Own-Operate方式］

選定事業者が対象施設を設計・建設し、これを所有したまま維持管理及び運営を行い、事業終了時に、選定事業者が対象施設を解体・撤去する事業方式

図5-5　BTO、BOT、BOO方式の図
（国交省「PPP／PFIへの取組みと案件形成の推進」より）

ＰＦＩが始まった頃の英国では、公共施設等の建設費にかかる公共の財政負担を軽減できることから、ＢＯＴ方式が一般的であった。

一方、日本のＰＦＩ事業では、ＢＴＯ方式が採用されることが多いとされる。これは、公共施設等の所有権が民間に残った場合の課税（固定資産税、都市計画税及び不動産取得税等）が民間事業者の負担になる（さらに公共サービスの対価に反映される）ことなどが理由と思われる。

事業の費用がどのように賄われるかによる分類

この分類では、ＰＦＩ事業を実施するために民間事業者が負担する費用の回収方法に着目し、

①**「サービス購入型」**

……公共が民間事業者にサービス対価を支払い、これにより建設費や維持管理・運営費を回収する

②**「独立採算型」**

……公共サービス利用者が利用料金を民間事業者に支

払い、これにより建設費や維持管理・運営費を回収する

③「サービス購入型」と「独立採算型」の複合型

……公共が一定のサービス対価を支払い、また利用者も利用料金を支払い、これらにより建設費や維持管理・運営費を回収する、といったタイプが存在する。

●サービス購入型（延べ払い型）

公共施設の整備等に係る選定事業者のコストが、公共部門から支払われるサービス購入料により全額回収される類型

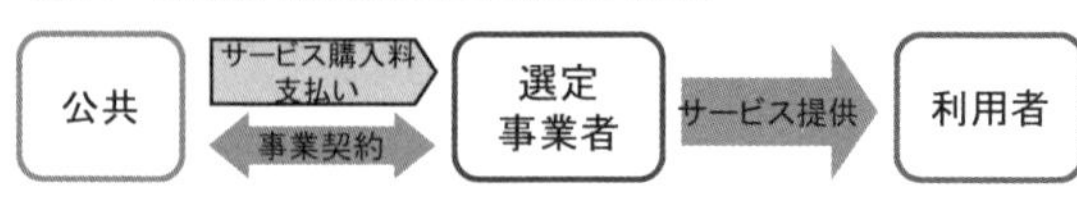

●独立採算型

公共施設の整備等に係る選定事業者のコストが、利用料金収入等の受益者からの支払いにより回収される類型

●混合型

公共施設の整備等に係る選定事業者のコストが、公共部門から支払われるサービス購入料と、利用料金収入等の受益者からの支払の双方により回収される類型

図5-6 「サービス購入型」「独立採算型」「複合型」の図
（国交省「PPP／PFIへの取組みと案件形成の推進」より）

4　法的構造

事業主体の構成

ＰＦＩ事業は、公共サービスが提供される公共施設等の設計、建設、維持管理及び運営の全体にわたるため、特定の産業分野で活動する１つの民間企業のみによって実施することは困難である。

そこで通常、ＰＦＩ事業を行おうとする民間企業は、他の企業とグループをつくり、共同して事業を行うことを企図する。このような企業のグループを「コンソーシアム」という。

コンソーシアムを構成する企業が得意とする事業分野は、対象となる公共サービスの性質によって異なるが、公共施設等の設計及び建設に関してはゼネコン等の建設関係企業の関与が必要となる一方、維持管理や運営に関しては対象となる公共サービスに特化した企業の関与が必要となる。

複数の企業がコンソーシアムを構成し、入札や公募手続を経てＰＦＩ事業の実施者として選定された場合、個々の企業がそれぞれ公共との間で別個のＰＦＩ事業契約を締結することはできない。また、コンソーシアム参加企業の間で組合契約を締結して共同企業体を組成し、その共同企業体が公共とＰＦＩ事業契約を締結することも一般的ではない。

コンソーシアム参加企業は、通常、一旦公共との間で基本協定書を締結した上で、ＳＰＣ（特別目的会社）

を設立し、そのＳＰＣが公共との間でＰＦＩ事業契約（ＰＦＩ法5条2項5号に規定される「事業契約」）を締結する。こうして、コンソーシアム参加企業を株主とするＳＰＣがＰＦＩ事業の実施主体となる。

資金調達

ＰＦＩ事業の実施主体として、ＳＰＣは多額の資金を必要とする。

大規模な公共施設をＢＯＴ方式で建設し、維持管理運営する場合には、数百億円の資金を調達しなければならない。このような多額の資金の全額をＳＰＣの株主となったコンソーシアム参加企業から調達することは困難であり、通常は、株主からの資金調達と並行して、ＰＦＩ事業のキャッシュフローに返済原資を限定するプロジェクトファイナンスの手法により資金調達することとなる。

このとき、海外ではインフラファンドから資金調達を行うことも多いが、日本では銀行等の金融機関が融資を行うことが一般的である。また最近では、官民ファンド（民間資金等活用事業推進機構）による出資や融資が利用される事例もある。

ＳＰＣに融資する金融機関は、ＰＦＩ事業のキャッシュフローのみを原資として回収を図らなければならないため、対象となるＰＦＩ事業の計画やその遂行状況に関心を持つことは当然であるが、同時に、発注主体である公共の動向にも大きな影響を受けるため、融資に際しては公共との間でも協議を行い、ＰＦＩ事業に様々な事態が生じた場合を想定した協定（直接協定／ダイレクト・アグリーメント）を締結する。

業務委託契約

ＳＰＣは、公共とＰＦＩ事業契約を締結し、資金調達を行い、ＰＦＩ事業の事業主体としての権利義務を有し、公共等による事業のモニタリング対応やリスク管理等に関する判断を行う一方で、ＰＦＩ事業の各場面（公共施設等の設計、建設、維持管理及び運営）については事業実行の能力を持たない存在である。

そこで、ＳＰＣは、主にコンソーシアム参加企業との間でそれぞれの業務について委託契約を締結することになる。この場合の委託契約においては、公共とＳＰＣの間で結ばれるＰＦＩ事業契約のような性能発注は行われず、具体的な仕様を定めて発注を行うことになる。

契約関係

前述した各主体の間の契約関係を列挙すると、以下のとおりである。

①コンソーシアム参加企業と公共との間の「基本協定書」
……今後のＳＰＣ設立、ＰＦＩ事業契約締結までのスケジュール等を規定

②コンソーシアム参加企業間の「基本契約書」
……ＳＰＣの株主間契約や企業間の役割分担等を規定

③公共とＳＰＣとの間の「ＰＦＩ事業契約書」
……ＰＦＩ事業全般にわたって公共とＳＰＣの権利義務を規定。地方公共団体の場合には議会の承認が

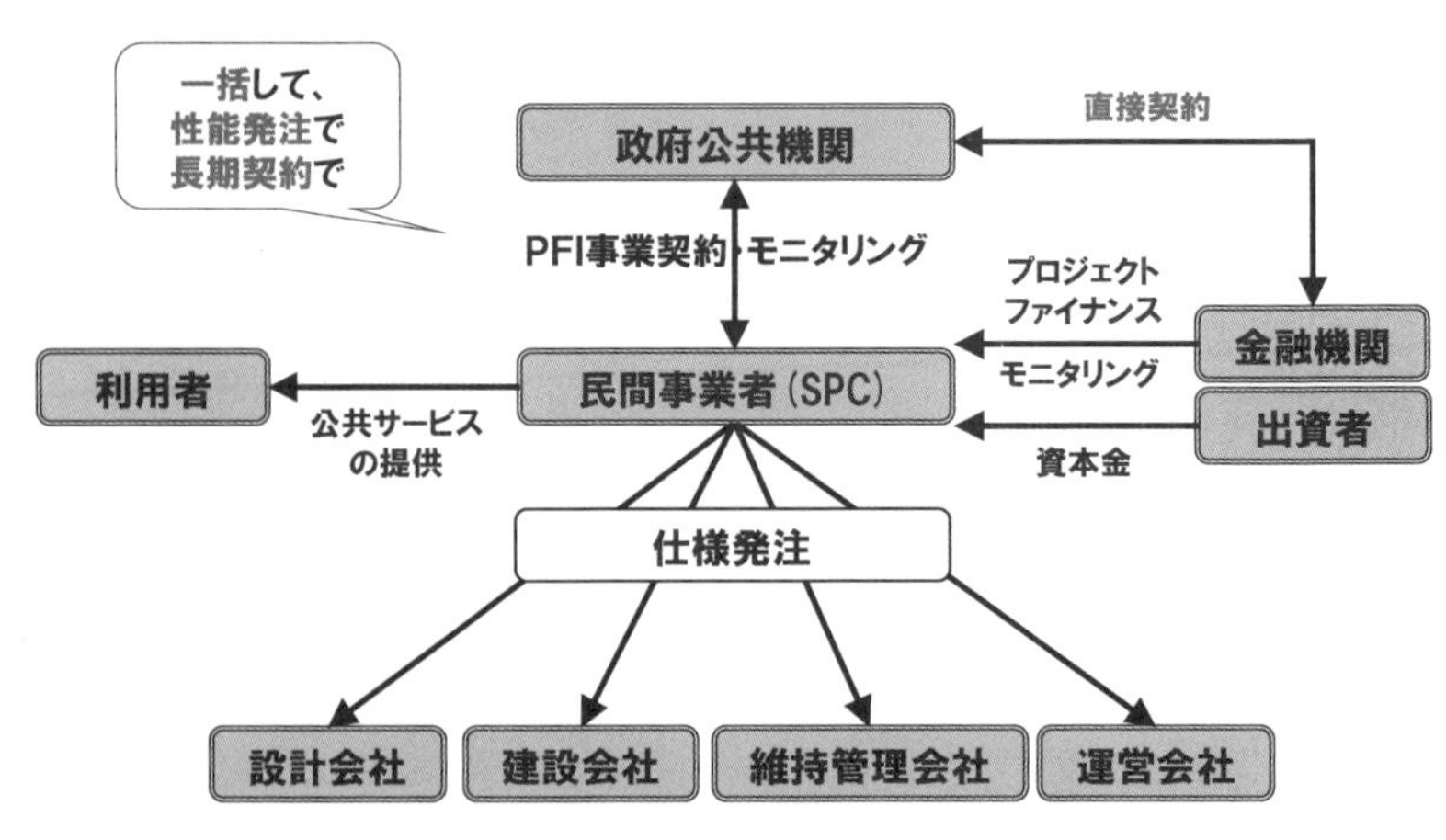

図5-7　PFIの法的スキーム
（国交省「PPP／PFIへの取組みと案件形成の推進」より）

必要（コンセッション方式の場合を除く）

④**ＳＰＣと金融機関との間の「資金調達に関する契約書」**

……金銭の貸借関係や担保設定、債権保全に関する事項を規定。公共施設等運営権方式（コンセッション方式）の場合には運営権に対する担保設定に関する事項も規定

⑤**公共と金融機関との間の「直接協定書／ダイレクト・アグリーメント」**

……ＰＦＩ事業に一定の事態が生じた場合の対応や金融機関の債権保全に関する事項を規定

⑥**ＳＰＣとコンソーシアム参加企業を中心とする業務担当企業との間の「業務委託契約書」**

……ＰＦＩ事業の内容を構成する各業務（設計、建設、維持管理、運営等）の委託に関する事項を規定

なお、この関係を図にすると図５－７のようになる。

5 PFI固有の経費

コンソーシアム参加企業及びSPC側の費用

ＰＦＩ事業を成立させるためには、前項で説明した契約等の関係を構築する必要がある。その結果として、コンソーシアム及びＳＰＣ側には以下の経費が発生する。

まず、コンソーシアム参加企業は、ＰＦＩ事業の実施主体候補として公共に対して提案を行うために調査検討を行い、場合によっては官民対話や競争的対話を経て応札・応募を行うことになる。

これらの手続きに際してはアドバイザーに業務委託した報酬などの提案経費が発生する。

また、ＰＦＩ事業を落札したコンソーシアム参加企業は、公共との間の「基本協定書」及び参加企業間の「基本契約書」を交渉・締結し、さらにＳＰＣを設立する必要がある。これらにおいてもアドバイザーや弁護士に業務委託した報酬等の経費が発生する。

さらに、設立されたＳＰＣは公共との間の「ＰＦＩ事業契約書」や金融機関との間の「資金調達に関する契約書」を交渉・締結する必要がある。ここでも同様にアドバイザーや弁護士等への報酬等の経費が生じる。

これらはＰＦＩ事業が開始されるまでに発生する費用であるが、さらに開始後にもＰＦＩ特有の費用が生じる。

PFI方式の導入には、PFI固有の経費以上のコスト縮減が必要。

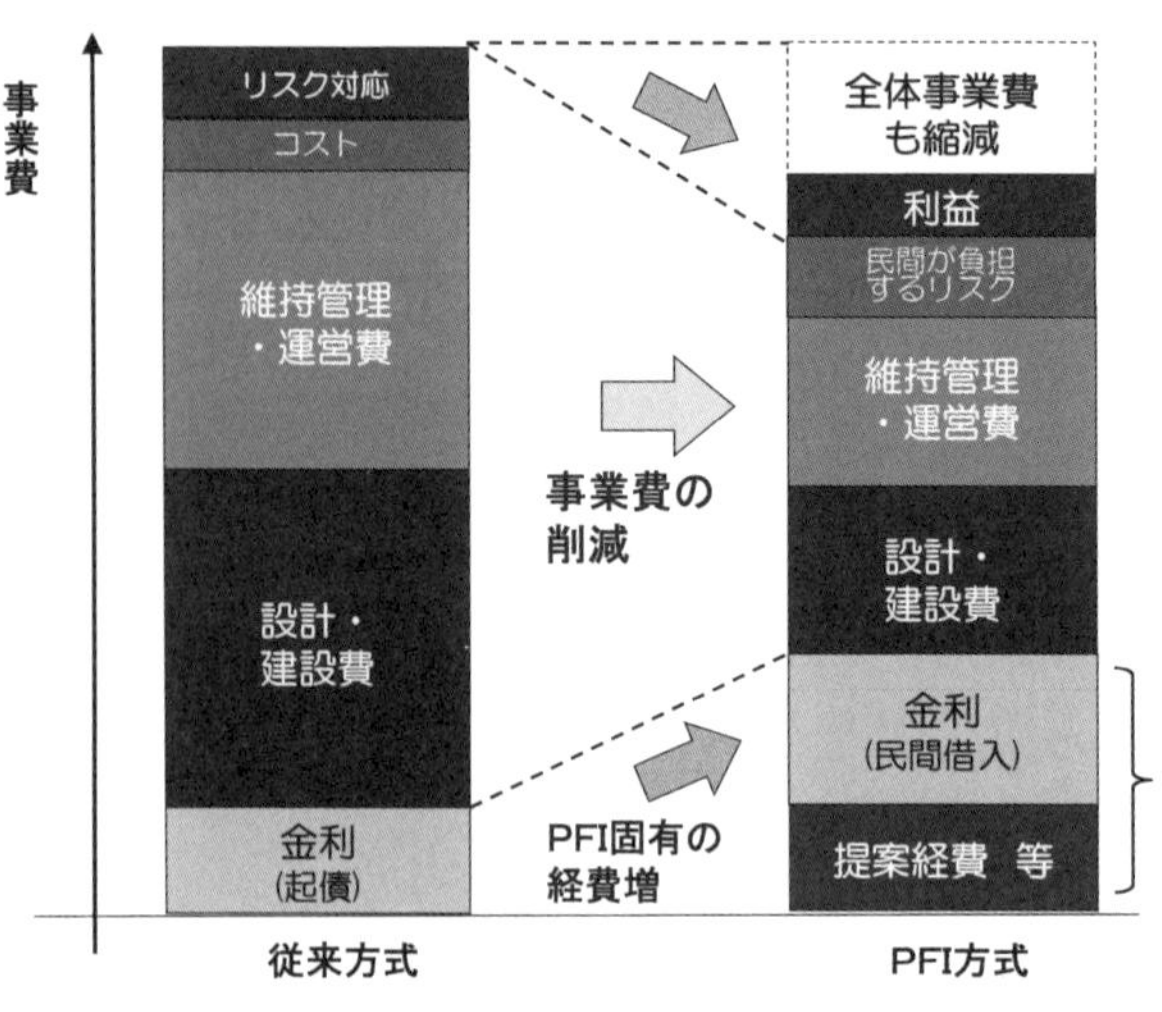

図5-8　従来方式とPFI方式の経費比較図
（国交省「PPP／PFIへの取組と案件形成の推進」より）

まず、SPCが金融機関から調達する資金については、従来型（公設公営）の公共施設等の整備、運用の際に発行される公債と比較して、金利が高くなることが知られている。これは、税収を背景として高い信用力を持つ公債とPFI事業のキャッシュフローのみを返済原資とするプロジェクトファイナンスとの相違によるものである。

また、SPCの取締役等に支払われる役員報酬やSPC株主に対する配当金等もPFIに固有の費用として考慮する必要がある。

前述の費用（提案経費、アドバイザー・弁護士等報酬、資金調達コスト（金利）、役員報酬及び配当金等）は、PFI事業の収入（公共から支払われるサービス対価や公共サービス利用者から支払われる利用料金）によって賄われる必要があり、サービス対価や利用料金の増加要因として機能する可能性がある。

公共側の費用

公共の側においても、公共サービスをPFI事業とするにあたっては、実現可能性調査や官民対話、競争的対話等を経て事業者の入札・募集を行う必要があり、外部アドバイザーへの報酬が発生する。

また、コンソーシアム参加企業との間の「基本協定書」、SPCとの間の「PFI事業契約書」及び金融機関との間の「直接協定／ダイレクト・アグリーメント」を交渉・締結する必要がある。その際には同様にアドバイザーや弁護士等への報酬等の経費が生じることとなる。

さらに、PFI事業の実施が開始された後は、SPCの及びその業務委託先によるPFI事業の実施状況等について適切な監督（モニタリング）を行う必要がある。これは現在多くの公共部門で行われている業務の内部監査と共通する部分があるものの、外部の民間事業者をモニタリングするために内部監査を超える経費が生じることが考えられる。

公共の側としては、前述のコンソーシアム参加企業及びSPC側の費用に加え、前述の経費を上回るメリットがなければ公共サービスをPFI事業とする意味がないことになる。

6 メリットとデメリット

ＰＦＩの特徴に起因するとされるメリット・デメリット

ＰＦＩは従来型の公共施設等を活用した公共サービスと比較して、

①比較的長期に及ぶ契約期間
②同一の事業者に対する包括的性能発注
③公共と民間とのリスク分担
④民間部門による資金調達

といった特徴がある。これらの特徴に起因し、一般に、ＰＦＩには以下のメリットとデメリットがあるといわれている。

まず、契約期間が長期であることにより、公共にとっては財政負担を平準化させることが期待でき、また民間事業者は安定的経営を期待できる。

しかし、一旦ＰＦＩ事業契約が締結されると競争原理が働きにくくなるため、公共サービスの質の低下も懸念される。

次に、同一の事業者に包括的に性能発注がなされることにより、民間事業者が新技術やノウハウを活用す

PFI方式の特徴	PFI方式導入の動機	メリットの例［VFM発現の源泉］	デメリットの例［懸念される事態］
◇複数年に及ぶ契約期間	《民間部門》 ・長期安定的経営 《公共部門》 ・財政負担の平準化	◇ライフサイクルコストの縮減 ◇事業の早期供用	◆契約後に競争原理が働かない場合、公共サービスの質の低下が懸念
◇同一の事業者に包括的に性能発注	《民間部門》 ・新技術やノウハウの活用等による業務改善余地の拡大 《公共部門》 ・適切な対価やペナルティ賦課による質の高い公共サービスの提供	◇ライフサイクルコストの縮減	◆監督牽制効果が薄れ、個別業務工事間の責任の所在が不明確になる懸念
◇公共と民間とでリスクを事前に分担	《民間部門》 ・担務するリスクに見合った収益（リターン）の確保 《公共部門》 ・民間ノウハウの活用による、リスク対応の効率化	◇リスク管理の徹底 （リスクの顕在化に伴い事業に与える損失の発生を抑制）	◆事業の進捗や収支に大きな損失が発生する懸念 ◆公共サービスの利用者や住民が不利益を被る懸念
◇民間部門が資金調達	《民間部門》 ・－ 《公共部門》 ・追加的な財政支出の抑制 ・財政負担の平準化（割賦払）	◇コスト管理の徹底 （事業費増大の抑制） ◇早期事業着手 （特に、独立採算型では公共部門からの支払いが生じない）	◆事業の途中で破綻する懸念 ◆将来世代への過度の負担、財政の硬直化等の懸念

図5-9 「PFI方式導入の動機およびメリット・デメリット」
（国交省「PPP／PFIへの取組と案件形成の推進」より）

ることで業務改善を進め、公共施設等のライフサイクルコストの低減を図ることが期待できる。

他方で、設計、建設、維持管理及び運営の各業務を委託する先は入札手続きで選定されるのではなく、SPCの株主であるコンソーシアム参加企業であることが多いため、その利益と相反する委託コストの削減や監督牽制が困難ではないかとの懸念がある。さらに、コンソーシアム参加企業が分担する個別業務間の責任の所在が不明確になる点も懸念される。

また、公共と民間とのリスク分担については、民間事業者が公共サービスに生じたリスクを一定程度負担することにより、公共にとっては、民間ノウハウの活用によるリスク対応の効率化や、民間事業者によるリスク管理徹底のインセンティブが期待できる。

他方で、実際に顕在化したリスクを民間事業者が十分に負担することができない場合、民間事業者としてはリスク分担について再交渉を求めざるを得ず、仮にこの再交渉が失敗したときは、公共サービスの途絶や質の低下により利用者や住民が不利益を被る懸念がある。

さらに、民間部門が資金調達することにより、公共にとっては追加的な財政支出や公債発行が抑制され、またサービス対価を長期間にわたって分割払いするため財政負担が平準化されることが期待可能である。また、資金コストを負担している民間事業者がコスト管理を行うため事業費増大が抑制され、PFI事業契約締結後、早期に事業に着手することが期待できるとされる。他方で、民間事業者が途中で破綻する懸念や、公共が長期にわたって財政負担を行うために財政の硬直化を招くといった懸念も指摘されている。

メリット・デメリットに対する評価

前述したメリット・デメリットは、あくまでも一般的に指摘されるものであり、必ずしもすべてのPFI事業において実現又は顕在化するものではない。

しかし、これまで説明してきたPFIの構造に起因する固有のコスト増加要因とあわせ、以下の点に注意する必要がある。

まず、PFIにおいては民間事業者により新技術や民間のノウハウが活用され、効率性の向上やコスト・リスクの削減が期待できるとの点については、公共においても同様の業務改善が可能である可能性があり、抽象的に理解して過大評価すべきではない。

この点、PFIが広がることによって新技術やノウハウへの投資が進み、産業として発展することを期待する議論があるが、これは産業政策としては首肯できる部分があるものの、安定的に提供すべき公共サービスを民間事業者や産業界の試行錯誤の材料として利用することについては慎重であるべきであり、これを個別のＰＦＩ事業のメリットとして評価することは適切でない。

また、ＰＦＩ事業を実施するＳＰＣとその株主であるコンソーシアム参加企業は、構造的に後者の利益を最大化する目的を共有していることから、コンソーシアム参加企業に支払う委託費用をできる限り高止まりさせるか、委託費用を削減してＳＰＣに利益が生じたときには株主であるコンソーシアム参加企業に高い配当を行うことが考えられる。

通常の公共調達では、調達の都度行われる入札等の手続きによって、このような公共と民間事業者との利益相反関係を調整しているが、ＰＦＩにおいては一旦ＰＦＩ事業主体が選定されてしまうと、長期の契約期間中に行われる調達においてはこのような調整が機能しない。この問題は、特に総括原価方式でサービス対価や使用料金が決定される公共サービスにおいて顕在化するものと考えられる。

さらに、長期の契約期間にわたって事業リスクを見通すことは困難であり、予期しないリスクが顕在し、又は予期していたリスクが予測以上の規模で顕在化した場合のリスク分担の再交渉は常に想定しておく必要がある。この再交渉は、通常は民間事業者が負担しきれないリスクを公共に移転するものとなり、ＰＦＩのメリットを減殺するものである。同時に、この再交渉でリスクが適切に再配分されない場合には、民間事業者による公共サービスの継続が困難になり、「効率的かつ効果的に社会資本を整備するとともに、国民に対する低廉かつ良好なサービスの提供を確保」するというＰＦＩの目的自体が達成できなくなる。

ＰＦＩのメリット・デメリットを評価するにあたっては、ＰＦＩ先進国といわれる英国をはじめとする欧州において、これらの点が現実の問題として指摘されていることを踏まえる必要がある。

ＶＦＭ（Value for Money）

個別の公共サービスをＰＦＩ事業化すべきであるかの判断にあたっては、具体的な事情の下で前述のメリット・デメリットを評価する必要がある。

その評価においてはＶＦＭ（Value for Money）という指標が採られている。

これは、支払いに対するサービスの価値がどの程度であるかを評価するものであり、同一水準のサービスを仮定したときは、

①公共が実施する場合の財政負担（Public Sector Comparator）

②民間事業者が実施する場合の財政負担（Life Cycle Cost）

を比較し、②の方が低い場合はＶＦＭがあるとされる。

また、サービス水準を同一と仮定しないときは、同一の財政負担によって得られるサービスの質を比較し、民間事業者が提供した方がサービスの質が高い場合にはＶＦＭがあるとされる。

ただし、①と②を比較する場合、後者においてどのようにＶＦＭを実現するのかに留意する必要がある。

また、サービスの質を比較する場合には、「質」の定量化をどのように行うのかに留意する必要がある。

さらに、第3章で概観した英国の経験を踏まえると、公共投資やそれによる債務を公会計から除外する（オ

フ・バランス）することに魅力を感じる公共や、ＰＦＩプロジェクトの推進により利益を享受するコンサルタント会社などのアドバイザーによって、①や②の算定にバイアスを生じ、ＰＦＩに有利なようにＶＦＭ評価が歪められる危険があることも忘れてはならない。

なお、従前の日本におけるＰＦＩ案件を対象とした分析によれば、ＰＦＩによって実現されたといわれるＶＦＭの相当部分は、ＰＦＩによる調達手続きにおいて競争原理が働いたためであることが示唆されている。また、発注者である公共側がＰＦＩ事業の長期契約によって管理・運営費等の総事業費の圧縮を期待している一方で、民間事業者側は建設費の圧縮により経費削減を行おうとする傾向にあるとされる。つまり、ＶＦＭの実現は、必ずしも民間ノウハウの活用による業務効率の向上の結果ではない可能性がある。

また、ＶＦＭが実現されやすい事業分野とそうでない事業分野があり、さらに事業分野によっては、契約期間中の施設所有権を公共に持たせるか（ＢＴＯ方式）、民間事業者に持たせるか（ＢＯＴ方式）によってＶＦＭに変化が生じることを示唆する分析もある。例えば、庁舎の建築・維持・管理等の箱モノ案件ではＢＴＯ方式の方がＶＦＭが高く、逆に廃棄物処理施設や浄水場などの運営重視型のＰＦＩではＢＯＴ方式の方がＶＦＭを高めることにつながるとされる。

このほか、ＶＦＭの向上に影響を与えうる要因に関する分析によれば、調達手続きにおいて予定価格を公表すること及び価格面の評価を重視することは、ＶＦＭを向上させる傾向にある一方で、入札に地元事業者であることを要求することは事業体制の最適化が困難になりＶＦＭを低下させる可能性があるとされる。またこの分析によれば、競争原理が機能する前提となる入札参加者の増減に関し、予定価格を公表したり、提案期間を長く確保することはプラスの効果がある一方で、ＰＦＩ事業の期間を長くしたり、入札に地元事業者であることを要求することはマイナスの効果があるとされる。

ただし、こうした分析の前提となっているそれぞれのＰＦＩ案件におけるＶＦＭは、厳密な計算に基づくものとはいいがたいとの指摘もある。ＶＦＭの算出には、事業リスクの客観的な把握、施設の長期修繕コストの確定や費用の現在価値への転換が必要であるところ、これらは実務上容易ではないためである。

水道事業にコンセッションを導入する際の注意点

第６章で解説されるとおり、２０１８年12月６日、水道法が改正され、自治体に水道事業の認可を残したまま運営権設定（コンセッション）方式により民間事業者が水道事業を運営することが可能になった。

コンセッション方式は、基本的な構造は従来型のＰＦＩと大きく異なるものではないが、自治体等が公共施設の所有権を保持したまま運営権を民間事業者（ＳＰＣ）のために設定し、ＳＰＣは、運営権を根拠にその公共施設の管理・運営を行い、公共サービスの利用者から料金を徴収することができるものである。運営権は特殊な物権であり、法律上は、それを譲渡したり、抵当権を設定する（融資の担保にする）ことが可能とされている。

水道事業にコンセッション方式を導入した場合、自治体は、ＳＰＣに対して運営権を設定し、ＳＰＣとの間で実施契約を締結する。

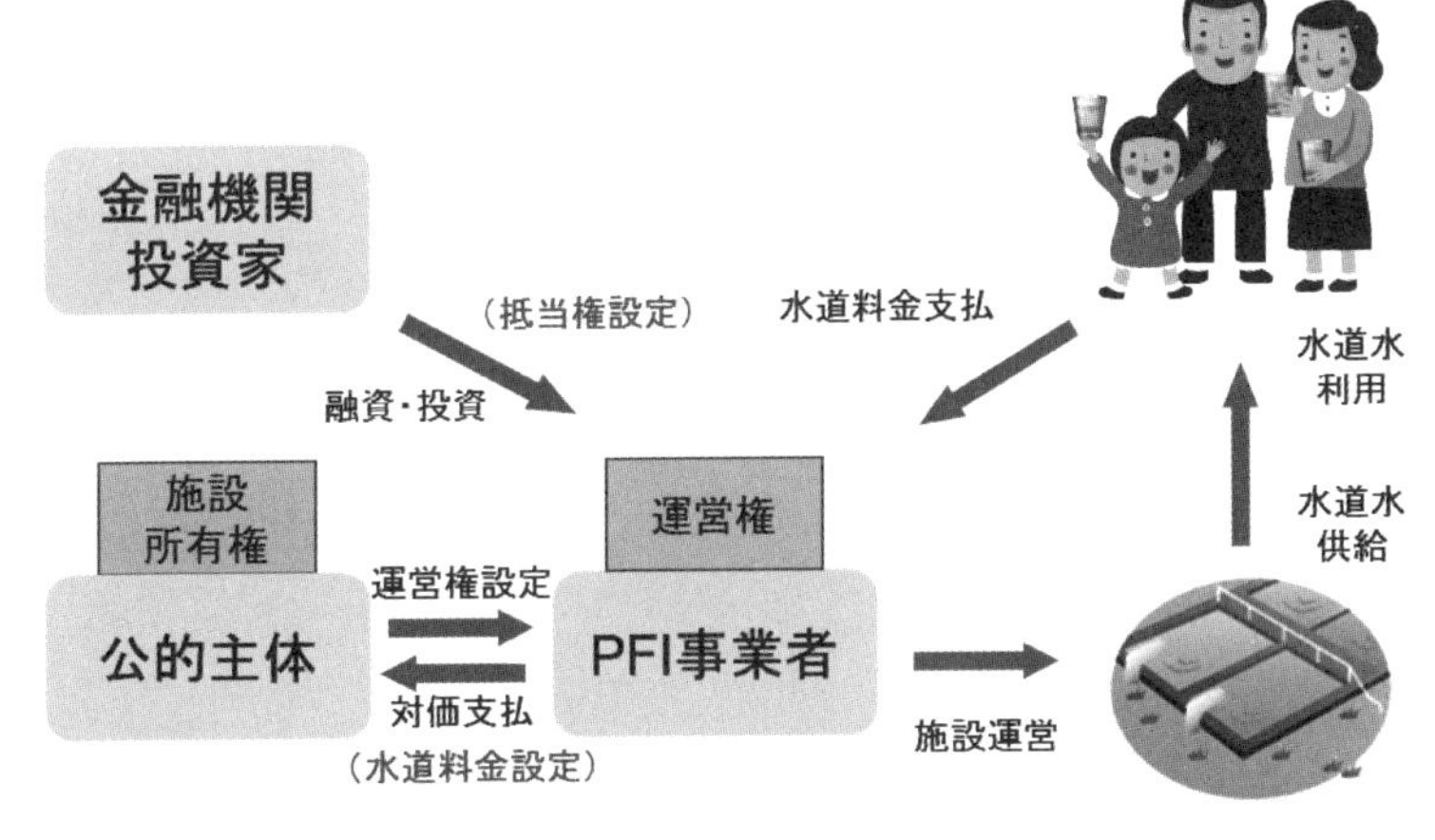

図5-10　「水道事業における公共施設等運営権制度の概念図」
（厚労省「水道事業における官民連携に関する手引き」より）

その際、ＳＰＣから自治体に対して運営権の対価が支払われ、また水道料金を含む水道事業の実施条件について合意する。ＳＰＣは、その実施条件にしたがって施設を運営して水道水を供給し、住民から水道料金を徴収する。この水道料金を原資として、ＳＰＣは、水道施設の管理・運営（実際に管理・運営を行うコンソーシアム参加者等への委託料支払い）、金融機関への元利返済、株主への配当などをまかなうことになる。

自治体は、契約期間中、水道施設の管理・運営は行わないが、ＳＰＣによる水道事業が実施契約に規定された条件に従って適切に行われているかモニタリングを行い、また実施契約に規定されていない事態や実施条件に履行困難な事態が生じたときには、ＳＰＣと交渉して対応する役割を負う。

これまで見てきたＰＦＩの特徴やメリット・デメリットを考慮すると、自治体の立場に立った場合、水道事業にコンセッションを導入する際には、次の点に注意する必要があると思われる。

まず、水道の管路や浄水場などの水道施設が適切に修繕・更新されるかという問題がある。契約期間満了後は運営権を失うSPCとしては、施設の修繕・更新への投資はできるだけ抑え、同時に水道料金をできるだけ多く徴収したいと考える可能性がある。他方で、自治体側から見れば、水道料金から得られる利益は最大限施設の修繕・更新への投資に充てるべきものである。そこで、実施契約締結時に、運営権を設定する施設の現状を確認し、一定期間にわたる修繕・更新の計画を合意しておく必要がある。また、計画外の修繕や更新の必要が生じた場合や、計画された修繕・更新費用が想定外に増減した場合の取り扱いについても予め合意することが望ましい。

次に、自治体はSPCによる水道事業実施の状況をモニタリングする必要があるが、そのためには水道事業に関する技術を有する人員を確保し続けなければならない。ところが、水道事業の運営がSPCに移ると、技術を持った職員が事業とともに民間企業に移ることとなるため、長期にわたってモニタリングをする能力を持った職員を養成し、確保することが困難になる。

また、モニタリングで得られた情報を適切に評価するためには、自治体内部（担当部局）だけでなく、議会や住民にも情報共有することが重要であるが、SPCやその委託先の営業秘密をどのように取り扱うかが問題となりうる。モニタリングの透明性を高める見地からは、できるだけ非開示とされる情報を少なくするべきであるが、SCPやその委託先との関係で困難になることが予想される。

さらに、SPCが水道料金の値上げを求めてきた場合の対応も問題となりうる。一般的には、議会の議決がなければ、実施方針条例で定めた範囲を超える料金値上げは不可能であるし、実施契約においては、条例で定めた範囲内の値上げであっても自治体と協議して合意しなければならないものとされるものと思われる。しかし、経済情勢の変化や特別の事情を理由に値上げを求められた場合、自治体としては、水道事業を存続させるために値上げを検討せざるを得なくなる。この場合、ＳＰＣの事業コスト構造を正確に把握しなければならず、またその情報を議会や住民と共有しなければ納得を得ることが難しい。他方で、ＳＰＣと委託先との取引の詳細については営業秘密であるとされる可能性があり、また自治体に十分なモニタリング能力がなければ開示された情報を適切に理解できない可能性もある。

また、災害時の復旧体制の確保やその費用分担も問題となりうる。２０１８年7月の西日本豪雨災害では、土砂災害や浸水等によって浄水施設や管路が機能しなくなったが、このような場合、施設復旧のための人員をＳＰＣが確保することができない可能性がある。また、現在では日本水道業界の会員自治体間の相互支援体制が存在するが、ＳＰＣがそうした相互支援体制に参加し、他地域の災害時に人員を出すことができるのかという問題がある。

さらに、災害により生じる損害（復旧費用や料金収入が得られないことによる損失）については、事前に実施契約上の規定があったとしても、「不可抗力」として自治体が負担するのか、あるいは日頃の施設の維持管理に問題が合ったとしてＳＰＣが負担するのかについての見解の相違が生じる可能性がある。

住民や議会の納得を得られ、かつ民間企業であるＳＰＣに負担させることが合理的な範囲で、リスクの分担を合意する必要があるが、非常に難しいことでもある。

このほか、コンセッションによる水道事業が失敗した場合の対応についても想定しておく必要がある。SPCが水道事業から撤退する場合、自治体は業務の引き継ぎを円滑に行う必要があるが、既に自前の職員では水道事業を運営する体制を確保することは困難である。この場合、水道事業を運営する能力を持った別の事業者を探すか、失敗した事業者の従業員を自治体職員として受け入れて自前の運営体制を整備する必要がある。

前者の場合には、従前と比較して不利な条件を受け入れることを余儀なくされる可能性がある。また後者の場合にも、当初からコンセッションを導入していなかった場合と比較して、多額の費用負担を生じる可能性が高い。

小　括

このように、第3章で概観した英国の経験及び本章で概説したPFIの特徴を踏まえると、いわゆるPPP／PFIについては、そのメリット・デメリットを、対象となる公共施設やサービスの特性、またそれらの公共施設やサービスが設置又は提供される地域の特徴を勘案し、慎重に検討すべきことが分かる。

しかし、後述するように、現在の日本政府は、そうしたきめ細かな検討を捨象し、PPP／PFIを、建設業等インフラ関連企業や投資家にとって大きな新規のビジネスチャンスとなる成長戦略の柱として位置づけ、とにかく推進する方針をとってきた。

次節では、政府による地方自治体に対するPPP／PFIの押し付けの状況について概観したい。

7　政府による地方公共団体に対するＰＰＰ／ＰＦＩ推進施策の押し付け

ＰＰＰ／ＰＦＩ推進施策

政府は、２０１３年６月に策定した「ＰＰＰ／ＰＦＩの抜本的改革に向けたアクションプラン」（旧アクションプラン）において、２０１３年度から２０２２年度までの10年間を計画期間として、10兆円から12兆円のＰＰＰ／ＰＦＩ事業を推進する目標を掲げていたが、その後２０１６年５月に策定した「ＰＰＰ／ＰＦＩ推進アクションプラン」（新アクションプラン）では目標額をほぼ倍増させて21兆円とした。

これと並行して、政府は、

「人口減少等による公共施設の利用需要が変化する状況を背景として、公共施設等の全体の状況を把握し、長期的な視点をもって、更新・統廃合・長寿命化などを計画的に行うことにより、財政負担を軽減・平準化するとともに、公共施設等の最適な配置を実現することが必要」とし、２０１４年４月から、自治体に対して「公共施設等総合管理計画」の策定要請を行ってきた。

さらに政府は、「公共施設等総合管理計画」の策定と同時に、それぞれの自治体が保有する個別の公共施設について、所在地や施設面積だけでなく、建設年や老朽化度などを記録した「固定資産台帳」を作成し、活用することを求めてきた。

政府は、２０１６年度末までに「公共施設等総合管理計画」を策定した自治体に対しては策定に要する経費について特別交付税措置を講じ、さらにこの計画に基づく事業については「公共施設等適正管理推進事業債」の活用を認めるといったインセンティブを与えている。

多くの自治体は、長期的な視点で公共施設等の計画的な管理を行うためには「公共施設等総合管理計画」と「固定資産台帳」が必要であるとの政府の説明に説得され、２０１６年度末までに、これらの整備を終えた。その後、政府は、多くの自治体において「公共施設等総合管理計画」と「固定資産台帳」の整備が進む中、２０１５年12月、自治体に対して「多様なＰＰＰ／ＰＦＩ手法導入を優先的に検討するための指針について」（要請）を通知した。

そこでは、「極めて厳しい財政状況の中で、効率的かつ効果的な公共施設等の整備等を進めるとともに、新たな事業機会の創出や民間投資の喚起による経済成長を実現していくためには、公共施設等の整備等に民間の資金、経営能力及び技術的能力を活用していくことが重要であり、多様なＰＰＰ／ＰＦＩ手法を拡大することが必要」とし、そのために人口20万人以上の自治体において「ＰＰＰ／ＰＦＩ優先的検討規程」を策定するよう求めている。

ＰＰＰ／ＰＦＩは、効果的・効率的な公共施設等の整備のためだけではなく、「新たな事業機会の創出や民間投資の喚起による経済成長」のためのものであり、自治体の公共施設は、「新たな事業機会」や「民間投資」の対象として位置づけられることとなった。

政府が自治体に策定を求める「優先的検討規程」の内容

政府が右記要請において自治体に対して策定を求めた「ＰＰＰ／ＰＦＩ優先的検討規程」を策定した場合、自治体は、

①建設を伴う事業の場合は10億円以上
②運営・維持管理の場合は単年度の事業費が1億円以上

の公共施設整備事業については、自ら事業を行う従来型の手法の検討よりも、ＰＰＰ／ＰＦＩ手法の導入が適切か否かの検討を優先して行わなければならない。

そして、原則として、簡易な検討をした結果、従来型の手法よりもＰＰＰ／ＰＦＩを選択した方がトータルコストが低い（ＶＦＭがある）場合には、外部コンサルタントを活用するなどによって、詳細な費用等の比較を行わなければならず、その結果のトータルコストを比較してＰＰＰ／ＰＦＩ導入の適否を評価しなければならない。

政府は、自治体自ら事業を行う従来型の手法と、ＰＰＰ／ＰＦＩ手法の導入との間の選択を、コストを主な判断基準として行うよう求めている。

また、自治体がＰＰＰ／ＰＦＩを導入しない場合には、その旨及び評価の内容をインターネット上で公表することとされている。自治体が政府の方針に忠実に従っているか否かを、インターネットを通じて、外部

から検証可能にすることが求められている。

さらに内閣府によって、自治体がＰＰＰ／ＰＦＩの導入を優先的に検討しているかどうか、実施状況が調査され、その結果もインターネット上で公表されることになっている。

これらを通じ、事実上、政府は自治体をＰＰＰ／ＰＦＩの導入に誘導する方向であるといえる。

仮に、自治体の自主的な判断、ＰＰＰ／ＰＦＩ手法を導入しないとの判断について、政府が「ＰＰＰ／ＰＦＩの導入を優先的に検討していない」といった調査結果を公表するようなことがあれば、それは自治体の主体的な行政運営に影響を与え、事実上介入するものであり、憲法92条が「地方自治の本旨」という文言で保障した住民自治、団体自治に照らして大きな問題がある。

さらに、指針によれば、「優先的検討規程」を策定した自治体においては、ＰＰＰ／ＰＦＩの導入の拡大を図るために、「ＰＰＰ／ＰＦＩ手法に関する職員の養成及び住民等に対する啓発」、「ＰＰＰ／ＰＦＩ案件の具体的な形成を目指した、産官学及び金融機関で構成された地域プラットフォームの設置」、「民間事業者からのＰＰＰ／ＰＦＩに関する提案の積極的な活用」などを行うよう推奨されている。

このうち、「ＰＰＰ／ＰＦＩ手法に関する職員の養成及び住民等に対する啓発」とは、ＰＰＰ／ＰＦＩ手法の導入の拡大を図るため、ＰＰＰ／ＰＦＩ手法に通暁した職員の養成に努めるとともに、ＰＰＰ／ＰＦＩ手法の導入に関する住民及び民間事業者の理解、同意及び協力を得るための啓発活動を意味する。

「ＰＰＰ／ＰＦＩ案件の具体的な形成を目指した、産官学及び金融機関で構成された地域プラットフォームの設置」とは、地域におけるＰＰＰ／ＰＦＩを導入する具体的案件を目指した取り組みを推進するため、地域における人材育成、連携強化等を行うプラットフォームを、地元民間事業者、有識者、地域金融機関、株式会社民間資金等活用事業推進機構などとともに、形成するよう求めるものである。

「民間事業者からのPPP／PFIに関する提案の積極的な活用」とは、公共施設整備事業の発案、基本構想、基本計画の策定の段階において、民間事業者からのPPP／PFIに関する提案を積極的に求め、提案があった場合には遅滞なく的確にこれを検討しなければならないというものである。

「PPP／PFI推進アクションプラン」で明らかになった政府の意図

政府は、2016年5月に「PPP／PFIの抜本的改革に向けたアクションプラン」（旧アクションプラン）を改定して「PPP／PFI推進アクションプラン」（新アクションプラン）を策定したが、多くの自治体において「公共施設等総合管理計画」及び「固定資産台帳」の整備が完了した後の2017年6月、さらにこれを改定した（改定アクションプラン）。

改定アクションプランでは、PPP／PFI推進のための施策に関する記述が大幅に充実し、たとえば人口20万人未満の自治体にも「優先的検討規程」の適用拡大を図る、未策定団体に対しては内閣府が訪問する等により策定支援を実施するといった、「優先的検討規程」の拡大・押し付けの方針が定められたほか、「公的不動産における官民連携の推進」という項目が新設された。

そこでは、

「地方公共団体における公共施設等総合管理計画及び固定資産台帳の整備・公表を引き続き進めることによ

り、公的不動産の活用への民間事業者の参画を促す環境の整備を進める。（総務省）」とされている。

つまり、政府は、従前は「公共施設等総合管理計画」及び「固定資産台帳」を作成する目的について、長期的な視点で公共施設等の計画的な管理を行うためと説明してきたが、実際にこれらが作成された後は、当初説明してきた目的とは異なり、これを自治体が保有する公的不動産を民間事業者に開放するための道具として活用する姿勢を明らかにしたのである。

政府が策定を求めてきた「公共施設等総合管理計画」とは、政府が説明してきたような、「長期的な視点に立って公共施設をマネジメントしましょう」というものではなく、ＰＰＰ／ＰＦＩの推進を図る観点から、どの施設が民間事業者にとって魅力的なＰＰＰ／ＰＦＩ事業の対象となるか、整理をさせるものでもあったことになる。

その結果、民間事業者は、「美味しい」物件をＰＰＰ／ＰＦＩ導入に誘導することが容易になり、かつ検討段階ではコンサルタント料収入を、導入後は高収益を見込むことができる。

このように、「公共施設等総合管理計画」策定にインセンティブを設け、自治体に駆け込みで策定させた後に、２０１７年の「改定アクションプラン」でこの総合管理計画を使って民間事業者が公共の不動産に参入できるような仕組みを作ると宣言したことは、自治体からみれば騙し討ちともいうべき手法であると言わざるを得ない。

ただし、「ＰＰＰ／ＰＦＩ優先的検討規程」の策定については、政府の思惑とは裏腹に、普及が進んでいないことが課題となっている。政府は、今後も自治体に対してこの規程の策定を求め続けると予想されるが、自治体関係者は上記の構造を理解し、規程の策定の是非及び内容について慎重に検討する必要がある。

2018年PFI法改正の問題点

2018年の通常国会では、PFI法改正案が政府により提出され可決された。改正法の概要は、図5−11のとおりであるが、このうち解釈及び適用の確認等（改正法15条の2）並びに報告の徴収等（改正法15条の3）については以下のような問題がある。

改正法15条の2によれば、公共施設等の管理者等（自治体等）やPPP／PFI事業を行い、又は行おうとする民間事業者は、内閣総理大臣に対し、PPP／PFI事業に関する国等の支援措置の内容やPPP／PFI事業に関する規制法等について問い合わせることができ、問い合わせを受けた内閣総理大臣は、問い合わせに対する回答を行い、さらに必要があれば助言も行うことができるとされる。

これは、PPP／PFI事業を進めたいと考える自治体等だけでなく、民間事業者に対しても、国が支援を行うことを明記するものである。

また、改正法15条の3においては、内閣総理大臣は、PPP／PFI事業の適正かつ確実な実施を確保するために必要と認めるときは、公共施設等の管理者等（自治体等）に対し、実施方針に定めた事項その他特定事業の実施に関する事項について、報告を求め、又は助言若しくは勧告をすることができるとされる。これにより、政府は、自治体によるPPP／PFI事業の実施に関連し、その進め方について報告を求め、助

民間資金等の活用による公共施設等の整備等の促進に関する法律（PFI法）の一部を改正する法律案の概要

背景・必要性

○PPP／PFIの着実な推進を図る観点から、政府は、10年間（平成25年度から34年度まで）に21兆円の事業規模目標を掲げている（PPP/PFI推進アクションプラン（平成29年改定版））。
○上記目標を達成すべく、国による支援機能を強化するとともに、国際会議場施設等の公共施設等運営事業（コンセッション事業）の実施の円滑化に資する制度面での改善措置及び上下水道事業におけるコンセッション事業の促進に資するインセンティブ措置を講ずる。

法案の概要

（１）公共施設等の管理者等及び民間事業者に対する国の支援機能の強化等

公共施設等の管理者等及び民間事業者による特定事業に係る支援措置の内容及び規制等についての確認の求めに対して内閣総理大臣が一元的に回答する、いわゆるワンストップ窓口の制度の創設、内閣総理大臣が公共施設等の管理者等に対し特定事業の実施に関する報告の徴収並びに助言及び勧告に関する制度の創設等の措置を講ずる。

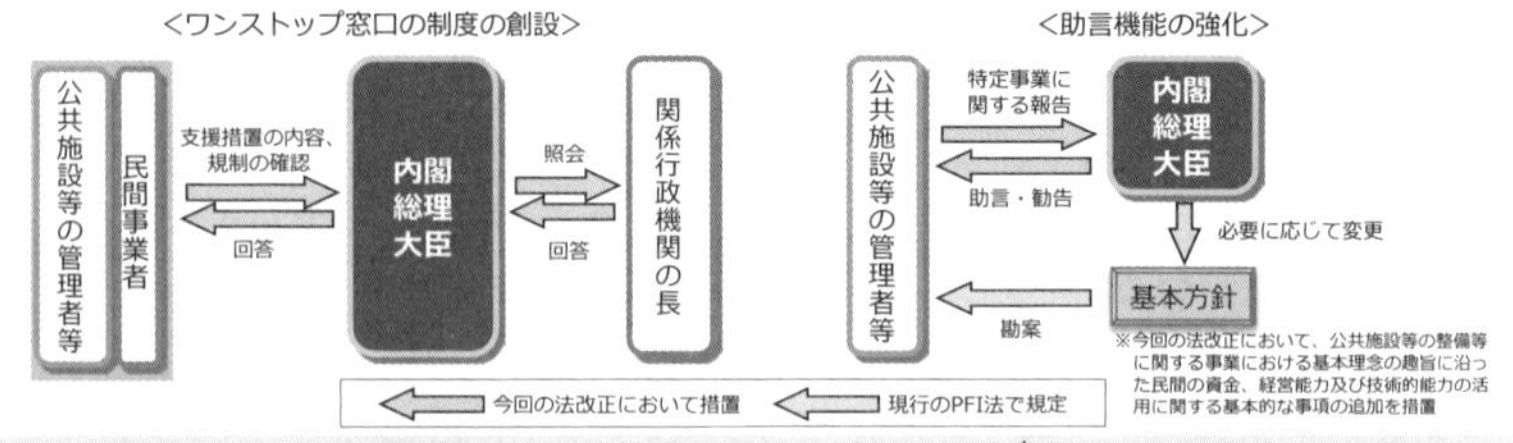

（２）公共施設等運営権者が公の施設の指定管理者を兼ねる場合*における地方自治法の特例

①利用料金の設定の手続については、実施方針条例において定められた利用料金の範囲内で利用料金の設定を行うなどの条件を満たした場合に地方公共団体の承認を要しない旨の地方自治法の特例を設ける。
②公共施設等運営権の移転を受けた者を新たに指定管理者に指定する場合において、条例に特別の定めがあるときは、事後報告で可とする旨の地方自治法の特例を設ける。

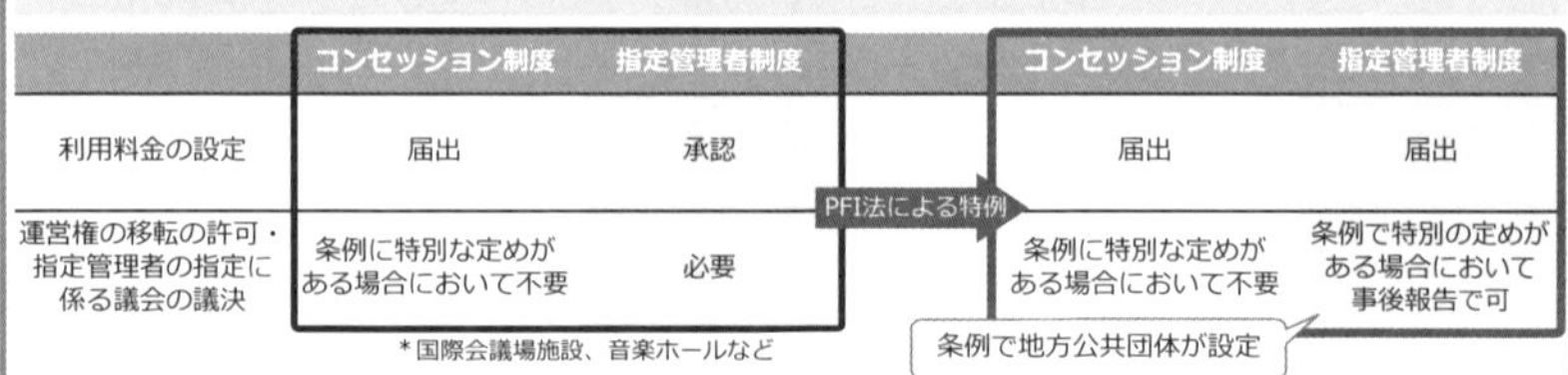

	コンセッション制度	指定管理者制度		コンセッション制度	指定管理者制度
利用料金の設定	届出	承認	PFI法による特例	届出	届出
運営権の移転の許可・指定管理者の指定に係る議会の議決	条例に特別な定めがある場合において不要	必要		条例に特別な定めがある場合において不要	条例で特別の定めがある場合において事後報告で可

＊国際会議場施設、音楽ホールなど

（３）水道事業等に係る旧資金運用部資金等の繰上償還に係る補償金の免除

政府は、平成30年度から平成33年度までの間に実施方針条例を定めることなどの要件の下で、水道事業・下水道事業に係る公共施設等運営権を設定した地方公共団体に対し、当該地方公共団体に対して貸し付けられた当該事業に係る旧資金運用部資金の繰上償還を認め、その場合において、繰上償還に係る地方債の元金償還金以外の金銭（補償金）を受領しないものとする。 （注） なお、地方公共団体金融機構資金についても、同様の措置を講ずるよう政府から要請する。

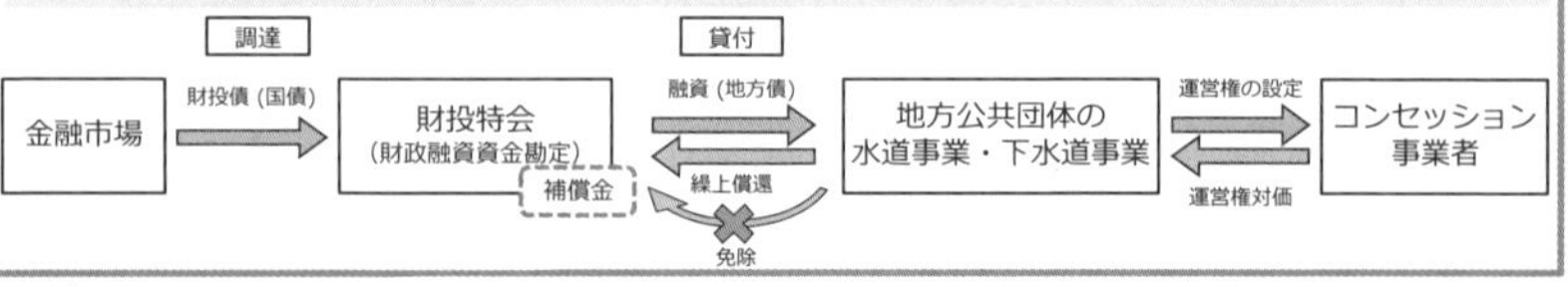

目標

○事業規模：平成25～34年度までの10年間で21兆円（コンセッション事業は７兆円）
○コンセッション事業件数：水道６件、下水道６件、文教施設３件、国際会議場施設等６件

図5-11　PFI法改正案の政府資料（内閣府HPより）

言や勧告を行うことできるようになる。

この改正法15条の2及び3を組み合わせると、民間事業者が目を付けた公共施設のＰＦＩ化に関して内閣総理大臣に支援を求め、これを受けた内閣総理大臣が自治体等に対してＰＦＩの実施を求める方向で報告の徴収、助言及び勧告を行うことも可能になる。

たとえば、民間事業者が、特定の公共施設をＰＦＩ案件化し、そこに参入したいと考えた場合、自治体が案件化をまったく検討せずに拒絶（無視）すれば、そのような対応がＰＦＩ法に照らして適切なのかといった問い合わせを改正法15条の2に基づき行うことが容易に予想される。

また、「優先的検討規程」を定めた自治体が、簡易な検討においてＰＰＰ／ＰＦＩによる方が従来型の手法よりＶＦＭが上回ることが判明したにもかかわらず、詳細な検討を行わずにＰＰＰ／ＰＦＩ手法を採用しないことを決定した場合、内閣府として、当該自治体に対し、なぜ詳細な検討を行わなかったのかを問い合わせることも考えられる。

このような問い合わせは、それ自体で自治体の自主的・自律的判断を損なう恐れがあることは言うまでもない。ましてや、改正法においては「問い合わせ」のレベルを超える「報告の徴求」、「助言」、「勧告」が可能である。

ＰＰＰ／ＰＦＩ事業が実施される自治体の施設の管理運営は、本来的には自治体が任務とする住民の福祉のために行う事務（当該団体固有の事務）であり、その内容につき国が報告を求め、法的拘束力がないとはいえ指図することができる状況は、「地方自治の本旨」（憲法92条。特に「団体自治」の理念）や「財産管理権」（憲法94条）に照らして異常と言わざるを得ない。

この改正案の審議においては、特定の民間事業者がＰＦＩ事業の検討に事前に関与することによる公平性の毀損や特定の民間事業者に対する利益誘導が懸念された。その結果、参議院では、全会一致の付帯決議によって、改正法15条の２及び３について、地方公共団体の判断への介入を疑われることのないよう、適正かつ公正な運用が必要とされた。

今後、従前の政府によるＰＰＰ／ＰＦＩ推進施策を背景として、この改正法15条の２及び３の活用が活発になることが予想される。自治体においては、法で規定された報告の徴求や助言・勧告にかかわらず、公共サービスのＰＦＩの事業化の検討における住民本位の自主的判断を維持することが求められる。

【参考文献】

○Eduardo Engel他、安間匡明訳『インフラＰＰＰの経済学』（金融財政事情研究会、２０１７年）
○井熊均・石田直美『地域の価値を高める新たな官民協働事業のすすめ方』（学陽書房、２０１８年）
○丹生谷美穂・福田健一郎編『コンセッション・従来型・新手法を網羅したＰＰＰ／ＰＦＩ実践の手引き』（中央経済社、２０１８年）
○国土交通省（２０１５）「国土交通省のＰＰＰ／ＰＦＩへの取組みと案件形成の推進」、[http://www.mlit.go.jp/common/001090778.pdf]（最終検索日２０１８年11月９日）
○大迫丈志「公共施設の整備・運営における民間活用―ＰＰＰ／ＰＦＩ推進の方向性と課題―」（『調査と情報―ISSUE BRIEF』第９５２号、２０１７年）

○岡本陽介・大西正光・坂東弘・小林潔司「PFI事業方式における所有権構造と経済効率性」(『都市計画論文集』第38巻3号、2003年、175―180ページ)

○下野恵子・前野貴生「PFI事業の事業における経費削減効果の要因分析－計画地VFMと契約時VFMの比較―」(『会計検査研究』第42号、2010年、49―61ページ)

○坪井薫正・宮本和明・森地茂「英国での改革の論点を踏まえてのわが国におけるPFIの実態分析」(『会計検査研究』第53号、2016年、49―70ページ)

○要藤正任・溝端泰和・林田雄介「PFI事業におけるVFMと事業方式に関する実証分析―日本のPFI事業のデータを用いて―」(内閣府経済社会総合研究所『経済分析』第192号、2016年、1―22ページ)

○風間規男「PFIの政策過程分析―PFIが公共事業をめぐる政策コミュニティに与えるインパクト―」(『会計検査研究』第32号、2005年、93―105ページ)

○馬場康郎・植田和男(三菱UFJリサーチ&コンサルティング)(2018)「PFI事業における財政負担軽減・サービス水準向上等に係る分析」、[http://www.murc.jp/thinktank/rc/politics/politics_detail/seiken_180910.pdf](最終検索日2018年11月9日)

第6章

水道法改正の経緯と今後

辻谷　貴文

1　水道法の誕生と改正の歴史

近代水道以前　コレラの流行など衛生面での問題

わが国において「水道」という名で正式に敷設されたものは、天正18年（１５９０年）に徳川家康が大久保藤五郎に命じて作らせた、のちに「神田上水」と言われるものであるとされる。しかしこれは、単に湧き水や川の水を自然流下によって江戸まで運んだものであり、その水は露出し外気に触れるなど、とてもいまの私たちがイメージする衛生的な水道とは言い難いものだった。

安政元年（１８５４年）、ペリー来航によって鎖国は終焉し、開国の時代とともに、それまでなかった海外の疫病、コレラなどが日本に持ち込まれた。

明治時代、コレラや赤痢、腸チフスなど水に起因する疫病が猛威を奮い、明治元年（１８６８年）から20年までの間、不衛生な水によって、コレラだけでも約27万人以上が亡くなったとされる。

当時の政府は、このような事態を受けて、明治11年（１８７８年）に「飲料水注意法」を公布。井戸の改修や新設を促進するとともに、トイレなどの生活排水である汚水と飲料水の間隔を規定するなど、コミュニティーにおける「健康と衛生」という側面を常に意識するようにしてきた。

遡ること明治4年（１８７１年）には、１０７人もの欧米使節団「岩倉具視使節団」にて、こうした疫病から人々を守るべく水道を学ぶ使者もあり、以降の水道行政においては、明治5年（1872年）、衛生行政を担当する文部省が設置され、同年、衛生局や技術的事項について担当する土木局を所管する内務省が設置されるなど、「西洋に学んで追いつけ」の機運が高まっていた。

近代水道以前の水道は、私たちが知るいまの水道のように、鉄管などで圧力をかけて給水するものではなかった。それらは石や木を削ってくり抜いた石管や木管など、先人の知恵と努力によって「衛生的な水を運ぶ」という人々の暮らしの基盤を担ってきたのである。

近代水道の誕生と水道条例の制定（明治23年／1890年）

近代水道の歴史を紐解けば、明治20年（1887年）6月の政府閣議決定にその起点を見ることができる。当時、衛生的な水道を建設し、安全な水を給水するためには、西洋の技術を取り入れ、そこから学ぶことを第一義として、パーマーやバルトンといった外国人技術者を招聘して、その建設に尽力をいただいた。明治20年（1887年）10月、横浜で通水した近代水道がわが国初といわれる。

近代水道の誕生は、近代の地方自治制度の確立と密接に関わり、明治20年（1887年）の閣議決定以降、誰がそのコミュニティーにおいて水道を建設するのか、誰がその費用を出すのか、いわゆる「民営」か「公営」かの議論もあったといわれている。

大まかに言えば、水道の建設の主たる目的が「水系伝染病の予防」であったことと、地方自治における公共事務の処理などの規定がされたことなどによって、明治23年（1890年）「水道ハ市町村其公費ヲ以テスルニ非サレハ之ヲ布設スルコトヲ得ス」と規定した法律『水道条例』が制定され、わが国の近代水道は「地方公営」としての歩を踏み出すこととなった。

この当時、国および地方では水道建設にかかる多大な費用を賄いきれない実態にあって、長崎・大阪・東京などからは、私営水道会社の出願があり、国は私営水道を認める「市街私設水道条例案」なども作成したが、通水後の利用者の水道料金によって返済する民営水道方式について、住民が反対運動を起こして消滅したという事実も、あまり知られていない水道の歴史である。

「民営か公営か」という議論は、明治20年（1887年）に横浜水道が日本の近代水道として始まってから、「衛生行政としての水道は私企業に任せてはならない」という根幹をもって、以来129年間にわたって脈々と引き継がれ紡いできたのである。

水道法の誕生　昭和32年（1957年）と地方公営企業制度

明治23年（1890年）の水道条例によって、日本の近代水道は「地方公営」として始まり日本の経済発展の礎を築いてきたが、西洋列強に肩を並べるごとく急速に発展する重工業などのスピードは、様々な地域において水道水源の水質汚濁や水不足を生むこととなった。日本社会全体の環境が大きく変貌を遂げる中で、水道条例による規制は実態に合わなくなり、地方自治体＝水道事業者からは水道条例に変わる新たな水道規制の要請が起こったのである。

昭和26年（1951年）には、「水道事業法案」という事業法の制定も検討されたが、この水道規制に対する考え方について、水道は「衛生」と位置づける厚生省（現厚生労働省）と、普及促進にある水道は「利水および都市計画」と位置づける建設省（現国土交通省）との見解の相違ともいうべき政府内での対立が生じ具現化しなかった。

これは、衛生行政を担当する文部省が明治5年（1872年）に発足し、水道を所管して以来、翌年の内務省発足にかけては衛生局と土木局という2つの水道に関わる所管部署が生まれ、その後、昭和13年（1938年）に発足した厚生省に衛生局が移されるという、いわば内務省と厚生省に股裂状態となったことに起因している。

さらに終戦後にはGHQが内務省を解体し、建設省と厚生省それぞれに水道課が存在するという、さらなる対立を生む構造となった。

こうした政府内の対立構造を横に、当時の実態に即した水道規制をめざした新法制定の機運は高まった。結果として、昭和32年（1957年）に上水道の所管は厚生省、下水道の所管は建設省、工業用水道の所管は通商産業省（現経済産業省）という水道行政三分割といわれる閣議決定、政治主導による行政改革が行われた。この閣議決定を受け、直ちに厚生省が水道法案を作成し、同年、水道規制としての水道法制定に至った。

60年前に新法として制定された水道法は、第1条その目的に「清浄にして豊富低廉な水の供給」として、当時30パーセント程度であった水道普及率を大きく促進することに寄与した。

水道法は、社会的規制と経済的規制の両面を規定しているのも大きな特徴である。

社会的規制とは、労働者や消費者の安全・健康・衛生の確保、さらには環境の保全や災害の防止等を目的として、水道の供給に伴う各種活動に一定の基準を設定・規制するもので、端的に言うと水質基準などである。そして、経済的規制とは、水道事業を経営しようとする者は厚生大臣（現厚生労働大臣）の認可を受けなければならないという事業認可など、経済行為や参入に関する規制、競争を排除する料金規制などである。

こうして新たに制定された水道法は、水道の安定供給確保に重点が置かれたものとなっており、その後の水道法改正では、事業運営にかかる参入規制の見直しが中心的な話題となっている。

地方公営企業制度

水道法が制定される以前、昭和27年（１９５２年）に制定された地方公営企業法は、法の目的を地方公共団体が経営する事業の確立を明確にし、水道についても「地方自治の発達に資する」としている。「公営か民営か」の議論の前に、水道が地方公営企業として、「本来の目的である公共の福祉を増進するように運営」され、なおかつ「常に企業の経済性を発揮」しながら、地方公共団体の政治機構である議会制民主主義のなかで密接に結びつき、機能しなければならない「公共サービス」であることを意味している。

水道職員は地方公営企業職員として、地方公務員に位置づけられ、地方公共団体が経営する公営企業に対しては、住民の参加や自治活動の活発化を期待している。さらに公営企業は、地方債の資金が投入される機能を持たせ、私的な独占経営形態を排除している。そのための特別会計設置と独立採算制の規定が存在し運営されてきたのである。

水道事業を単に「衛生行政的な意味での公営」と見るのは、地方自治を活発化し住民参加に期待するという、地方公営企業法から見た意義を形骸化させる恐れがあり、「水道事業は地方公共団体の経営がふさわしい」という歴史的な論点を見落としてはならない。

あわせて現在の地方債を用いた資金調達は、償還期限を定めない企業債として、料金収入によって償還する制度であり、水道の利用者である市民や地場産業事業者などエンドユーザーからの資金調達を想定したものであり、「市民自らが水道事業に出資している」ことと同義であることも忘れてはならない。

2回の水道法改正（昭和52年）（平成13年）のねらいと効果

昭和52年（1977年）に改正された内容は大きく分けて3点あり、水道事業の経営基盤の強化を目的に掲げたものであった。

1点目は「清浄にして豊富低廉」な水の供給を達成するために、法の目的に「水道を計画的に整備し」という文言が加えられたことである。2点目は「水道事業は、原則として市町村が経営するものとし」とする市町村経営の原則を新たに文言追加して、市町村以外の者は市町村の同意を得た場合に限り、水道事業を経営することができるものと改正した。3点目は、水道の広域的な整備計画等を新設し、いわゆる水道の広域化を促進させるものである。

これらの法改正によって、どのような効果が生まれたか。様々な見方はあるが、1つには市町村経営の「原則」とすることで、市町村の同意に基づく民間参入に門戸を開いたこと。もう1つは広域化についても水道行政上の市町村経営を超えて、経営の効率化をもって合理化を図ることである。

結果として、とくに広域化については、水資源の確保や料金水準の抑制などの狙いはあっただろうが、それぞれ地域特有の文化や自治体の成り立ちがあるにもかかわらず、予算措置などの不備とともに水道経営だけを統合・合併を求めたため、「お上の絵に描いた餅」として期待されるほど進展しなかった。実際に厚生労働省は5～10年をめどに見直し修正を行うとしてきたが、計画期間が過ぎても見直し・改定が行われなかった実態を見れば、抜本的な水道広域化は進展しなかったといえる。

次に平成13年（2001年）の水道法改正では、水道の管理に関する業務を第三者に委託できる制度、いわゆる「第三者委託」が創設された。これは水道事業の業務の一部を民間企業に委託促進する狙いを背景にしつつ、表面的には、技術力に乏しい小規模事業体を大規模事業体が支える「公公連携」なども提起された。実態としては、公公連携にかかる制度的・予算的措置が不徹底であり、とくに浄水場の運転管理などを一括して民間企業が受託するケースが加速・拡大した。その後、民間企業への包括外部委託として進展し、各事業体がそれまで保有していたマンパワーともいうべき技術力や対応能力を削ぐ昨今の状況を見る結果となった。

2　今回の水道法改正（平成30年）

水道事業の現状

今回の水道法改正について語る前に、水道事業の現状を整理すると、人口減少社会、施設老朽化、水道職員の減少の3点にまとめられる。

①人口減少社会

日本の人口変動、少子高齢社会の到来（人口減少）や、節水機能のある給水装置の普及などにより、家庭での1人当たりの使用水量は年々減少している。これは、水道建設当初の過大な需要予測と、節水機能など技術的イノベーションのミスマッチによって発生したようなものだが、こうしたことから「水道収益が減少している」と表現することができる。

水道料金として請求すべき水量、いわゆる有収水量は、平成12年（２０００年）をピークに、それ以降は減少し続けている。50年後には、ピーク時に比べ約40パーセント減少とされており、原則として独立採算制の水道事業にとっては、今後ますます水道事業経営は厳しくなる。今後は水道システム維持について、費用確保やイノベーションが急務となっている。

②施設老朽化

高度経済成長時に整備された水道は、いまやその普及率を97・8パーセントまで上昇させて「国民皆水道」社会を実現した。しかし、水道の管路では、このうち法定耐用年数40年を経過した管路（経年化管路）は14・8パーセント、法定耐用年数の1・5倍を経過した管路（老朽化管路）も増加している。管路はじめ施設・設備の老朽化問題、更新は大きな課題となっている。

今後一気に老朽化が増加する見込みからはもはや逃げられず、現状では更新にかかる予算と人の確保はもとより、施設・設備や管路の早期更新や長寿命化をはじめとする経営の「見通し」を立てることが急務となっている。

施設・設備や管路の老朽化の課題は、そもそも経営の見通しの問題であるが、首長や地方議員の無関心もあって、なかなかその見通しが立たず「壊れたら直す（更新する）」といった泥縄式の事業体も見受けられる。これでは人（職員）も金（料金）も手立てできないのは当然である。

今後は、地域水道の現状をいかに地域の人々と共有し、これからはどの程度のサービス水準が必要か、あるいは、どの程度の負担なら可能か、といった共有や理解を図る視点がますます必要となってきている。

③水道職員の減少

この間の水道職員を取り巻く状況は、「小さな政府」「官から民へ」が国策化され、総務省の行政改革プランなどの人員削減策、そして大衆迎合しそれを煽る政治家たちによる公務員バッシングが続いてきた。地方公務員の削減は進み、特別会計である水道については、さらに業務の委託化が進み、水道現場を担う職員の削減が加速した。これは、地方の首長や地方議員の水道に対する無関心を表した『現在進行形』である。

複数人規模で行う業務が多い現場を抱える事業体ほど、削減率は顕著で、これまで直営によって守られてきた事業は、民間企業への業務委託によって大きく様変わりした。

これらのことで水道の現場に何が起こったか。多くの水道事業では、「人件費」部分が業務委託を表す「物件費」に姿を変えただけである。人員削減が事業経費削減に大きく寄与したと考えるのは早計で、緊急対応や技術の継承などが問題となり、現在の水道事業運営に大きな影響を及ぼしている。

スペシャリストともいうべき現場の職員と専門性の高い技術が、「とにかく人を減らす」という理由で放棄されてきた。人員が最小化された中でのゼネラリスト育成を無理・無計画に推進してきた弊害は、施設・設備の老朽化とともに、緊急時など現場の深刻な事態に即応できない状況を生んでいる。

水道法改正（平成30年）の問題点

人・モノ・カネの三重苦ともいえる水道事業の現状にあって、厚生労働省は平成27年（２０１５年）より水道事業基盤強化方策検討会を設置し、水道事業関係者ならびに有識者などが集まり6回にわたって検討、その後とりまとめを行った。

平成28年（２０１６年）に出された検討会のとりまとめでは、水道の基盤強化に向けた様々な課題が「新たな方策の必要性」として出され、その施策の推進については、水道法の改正が必要として大きく進展した。

平成28年末（２０１６年）、年明けの第１９３回通常国会への上程、審議をめざして作られた改正水道法案は、水道事業が直面する課題（人口減少に伴う水需要の減少・水道施設の老朽化・深刻化する人材不足等）に対応し、「水道の基盤の強化を図る」ことを趣旨とし、法改正内容、所要の措置として、

①関係者の責務の明確化
②広域連携の推進
③適切な資産管理の推進
④官民連携の推進
⑤指定給水装置工事事業者制度の改善

の5点を示した。

特に④官民連携の推進では、水道事業へのコンセッション方式導入として、「公共施設等運営権の設定」が盛り込まれた。改正案ではコンセッション方式導入として「公共施設等運営権の設定」、その事業を「水道施設運営等事業」と称して改正水道法案が作成され、第193回通常国会で審議されるものと推移、政府・安倍内閣によって3月7日に水道法案が閣議決定され、その審議を待つ状況にあったが、④官民連携の推進部分（改正法案24条）「公共施設等運営権の設定」（24条の4）は、水道事業の公共性を損なうのではないかという意見も多く、市民からは「水道民営化法案」とも呼ばれる事態となり、審議入りには相当の努力を要したようである。

政府は、改正水道法案に対して、多くの疑問や懸念の払拭に真摯に対応することなく、短時間の審議で済む「参議院先議」という手法で法案審議に漕ぎつけようとした事実もある。これは安倍内閣が「国民の多く

が知る前に法案を成立させたい」意図があったかにほかならない。

改正水道法案の問題意識や、基本的な問題点などは後に触れるが、結果としては、多くの批判や懸念の声を前に、衆議院から審議する「通常法案」に軌道修正され、会期日程上の審議時間が足らないという状況に至り、第193回通常国会は閉会、水道法案は「継続審議」となった。その後は、森友・加計問題をはじめとする多くの安倍内閣に対する批判を背景に国会は空転し、臨時国会、特別国会と改正水道法案は棚晒しとなったまま、解散・総選挙へと転じていった。

平成29年（2017年）、第4次安倍内閣の発足とともに始まった第196回通常国会では、与党はまたも「参議院先議」という手法で改正水道法案の通過を目論んだ形跡はあるものの、先の総選挙で発足した立憲民主党（野党第一党）など野党との熾烈な綱引きが展開され通常法案となった。

しかし、衆議院では十分な審議時間とは言えない約8時間というきわめて短い審議時間で可決され、参議院では審議に至らずに時間切れの閉会となった。

その後、第197回臨時国会では、外国人労働者の受け入れ拡大を図る入管法改正案などの影で、これまで通り当初は目立たなかった改正水道法案であるが、審議に入る直前にきて、水道のコンセッションを中心的に進めてきた内閣府民間資金等活用事業推進室（PPP／PFI推進室）の問題点などが明らかになり、にわかにメディア各紙が報道する事態となった。このような状況もあり、参議院審議にかかる前段の与野党国対の場では、審議日程や審議時間を巡って激しく綱引きされたが、与党のスタンスは断固として今臨時国会で成立をめざすというものであった。

参議院厚生労働委員会での審議では、本書筆者の橋本淳司さんや全日本水道労働組合執行委員長の二階堂健男さんも参考人として発言し、本法案の問題点を明確に明らかにしたが、政府側の答弁は一向にその問題点を解決するものではなかった。

閉会が押し迫る12月4日に参議院厚生労働委員会で自民・公明の与党と維新の会の賛成によって可決し、翌5日午前には参議院本会議にて成立。前回の通常国会で衆議院は可決していたが、国会（会期）を超えての成立法案につき、再度衆議院に戻され5日午後の委員会で一般質疑、翌6日の衆議院本会議で成立という、かなりタイトで強引な与党の進め方によって、改正水道法は可決・成立した。

このようなことから、改正水道法案にかかる審議は、先の第196回通常国会につづき、第197回臨時国会でも、国民の様々な疑問に政府は明確に答えていない。この国に暮らすすべての人に関わる「生命（いのち）の水」という大きなテーマとしては、あまりにも議論が未成熟すぎる。「水道施設運営等事業（コンセッション）」には、「許可基準」や「モニタリングのあり方」など多くの疑問点や不明点が残されている。

コンセッション（PFI）を水道に適用するということ

PFI／コンセッション方式は、民間からの資金調達・投資で主導する事業運営手法である。したがって融資・投資事業として、必ず利潤・配当が得られる環境整備が前提とされなければならない。

しかし、「清浄・豊富・低廉」な水を地域住民に供給する水道事業は、渇水や水質汚染、災害時の応急対応や復旧をはじめ、水量・水質、経営に関わる技術的・財政的なリスクに応じた対策も避けることはできない。

水道はそもそも収益性に乏しい。それらのリスクを真剣に考えれば、その収益性に乏しいはずの水道事業が、なぜいま「民間活力」「民間資金」の行き先となるのか、民間企業や金融資本が「儲かる」事業として見定めるのかを考察する。

2011年のPFI法改正において、はじめて運営権という新たな「権利」―自治体が公共施設を所有したまま民間企業が「公共施設等運営事業を実施する権利」―が創設された。

これは、当時の民主党政権下での法改正であり、法案閣議決定は東日本大震災の3月11日。震災と原発事故の対応に当時の政権も国会も国民も忙殺される中で、十分な法案審議が尽くされず5月24日に成立したものである。

震災で破壊された空港や港湾、道路の復興も法改正の大義名分となったことは言うまでもない。ただ、その審議にあっても、PFI／コンセッション方式は「水道事業にはなじまない」とする質疑が、与党側からも行われている。

安倍政権発足後の平成25年（2013年）、経済財政諮問会議が答申し閣議決定された「骨太の方針」や「日本再興戦略」に、水道・下水道事業へのコンセッション導入が盛り込まれ、その後、安倍政権のもとで政府は、PFI法でも「企業が活躍しやすい」環境を整備するための改定を重ねた。「公共サービス・資産の民間開放」「公共サービスの産業化」を政策として、民間企業や金融機関・投資家の参画を支援する施策としてＰＦＩ／コンセッションが推進されてきたのである。

「コンセッション方式は、インフラ関連企業や投資家にとって大きな新規ビジネスチャンスとなる成長戦略の柱の１つ」（２０１４年5月「コンセッション制度の利活用を通じた成長戦略の加速」経済財政諮問会議・産業競争力会議・立地競争力等フォローアップ分科会／竹中平蔵）などの議事録を見れば、その本質がよくわかる。

そのために、いわば水道事業で儲かるように、政府はこの5年間、水道事業を民間企業が運営し、金融機関や投資家が融資・投資を行い、利潤・配当を含めた収入を水道料金から回収するための環境を整え、「大きな新規のビジネスチャンス」へ支援を続けてきた。平成30年（２０１８年）の改正ＰＦＩ法とコンセッション導入を盛り込んだ水道法改正案は、この5年間の支援施策が仕上げの段階に入ることを意味している。

なぜ水道法改正が必要になったのか

水道事業のコンセッションでは、自治体が水道事業の認可を受けたまま、民間企業は事業認可は取得しない。「施設所有が自治体に残る」というよりも、正しくは「事業認可が自治体に残る」経営手法が水道事業のコンセッションであり、今回の水道法改正案の最重要ポイントといえる。

自治体が「事業認可を取得し水道法上の法的な責任を負う」ことと、民間企業が「水道料金を直接収受して水道サービスを実施する」ことを一体とする事業経営が可能となるのである。

「コンセッションは民営化とまったく違う」と、２０１８年の第１９６回通常国会における水道法改正案の審議で、政府は繰り返し答弁した。しかしコンセッションは、「新しい価値を生み出す経営手法」として「公共による管理から、民間事業者による経営へと転換する」（「2013再興戦略」）ための「もう1つの民営化」と政府も認識していたはずである。

もともと現行水道法上であっても、事業認可を受けその義務と責任を負うのであれば、民間企業を事業者とする水道は可能である。

しかし、民営水道では、水道法上の法的責任を負うことと、将来にわたる事業の遂行や災害時の対応、復旧の責任を負うことなどは、経営にとって大きなリスクとなり、これが日本において水道民営化が進まなかった最大の理由である。

水道事業を所管する厚生労働省も平成26年（2014年）時点では、コンセッション方式を「公設民営化」と説明し、「水道法の規定に基づき国又は都道府県の認可を受けることにより、事業を実施することは可能」という見解を示していた。

このため、政官財のコンセッションを進めたい人々は、水道法上で、公営の水道事業の中に民営の「運営権事業」を設定する方策を求めた。民営化も「もう1つの民営化」であるコンセッションも、水道事業で実施することはそもそも困難であるから、コンセッションで「事業認可が自治体に残る」経営手法を盛り込んだ改正水道法案が必要となったのである。

自治体のモニタリングは困難

コンセッション方式では、民間企業が運営権を買い取って実施する事業を、自治体が直に指揮・命令することはない。水道法改正案は、それでも自治体は運営権事業者である「民間業者を統治」するという幻想を抱いている。

改正水道法のコンセッションでは、自治体は民間企業にアカウンタビリティを求め、モニタリングを通じて契約履行を検証することができることになっている。運営権を売りたい自治体が、そのような機能を維持し続けることは不可能である。

改正水道法では、運営権を設定するために厚生労働大臣の許可を必要としている（第24条の4）。またそもそも運営権を設定するかどうかは、各事業体での判断となるので厚生労働省では、「許可の申請」「許可基準」に相当のハードルを設けたとしている（第24条の5、第24条の6）。「許可」は、運営権事業者が収受する水道料金（水道施設の利用料）が適正であり、「水道の基盤の強化が見込まれる」ときでなければ「与えてはならない」とされている。

ただし、その「基準を適用するについて必要な技術的細目」は省令で定められるとし、「許可」を判断する重要な点は国会審議にかけることなく変更可能なのである。

しかしこのモニタリングの内容は、法制定にあわせて作成するガイドラインに示されることとなっているが、この間の法案審議の時点ではなんら明らかになっていない。

モニタリングによって十分な体制の整備を行うことは当然必要であるが、コンセッションで「運営権者」が事業を運営したときに、公営水道側に技術を継承し人材を育成する現場はすでになく、自治体による客観的で確実なモニタリングなどは不可能である。そもそも技術維持・人材育成が困難であるからコンセッションを導入することになったのであるから本末転倒のような話である。

また、モニタリング体制の整備には、当然相応の支出が追加コストとして求められ、昨今の水道界周辺を見渡せば、モニタリング自体が外部委託されることもあり得る。果たしてコンセッションで「市町村が民間事業者を統治」することは、現状よりも効率的な事業運営であるのか。実際に適正なモニタリング体制を求めるならば、コンセッションの「許可」の入口から問題にぶつかることになる。

民間事業者は、利潤と投資の回収・配当を含んだ収入を、住民の支払う水道料金から直接に得ることになる。コンセッションによって給水義務という公共の責任を媒介した給水契約が、運営権者の収入を保証する契約に転換され、市民は水道料金として強制徴収される。そして、政府の「骨太の方針」にあるように、水道事業は「公共による管理から、民間事業者による経営へと転換」するのである。

民間ならではの新たなコストの発生

これまでの水道法の施行規則の規定では、水道料金の額は各自治体で総括原価方式によって決定される。この場合の原価は、人件費、動力費、修繕費、受水費、減価償却費等に支払利息と資産維持費を基礎としている。地方公営業法でも料金は「公正妥当」でなければならないとされ、公営事業であるので料金に利潤・

配当は含まないことが前提である。

しかし、コンセッションでは、水道料金の原価が見直され、水道法改正案が成立して今後施行規則も改訂されることになるが、そうなるとコンセッション事業者と融資・投資家の儲けや配当が水道料金の原価として算定されることになるのである。

水道事業は地域独占の事業である。だがコンセッションでは、事業認可を受けた公営事業体がバイパスとなって、民間企業が収受する水道料金の原価に利潤・配当を含めることになる。

自治体には利潤・配当そのものを抑制する手立てはなく、コンセッションは、自治体と儲けの最大化が目的の民間企業との間で、水道料金の水準設定をめぐり対立する構図を、公営企業の中に持ち込むのである。運営権事業を行う企業の資金調達によっては、「モノ言う株主」も現れることが予想される。利益の最大化を求められる企業は、そのしわ寄せをどこに持っていくかは明白である。将来にわたっては、自治体のガバナンスが厳しく問われることになり、その地域の首長や地方議員の果たすべき役割はきわめて重要となっている。

3 海外での水道民営化を取り巻く動き

「共としての公営」を求める英国市民

水道事業に市場原理とは異なる原理をもとめる取り組みは、すでに世界中で始まっている。海外では水道再公営化運動も活発になっている。

イギリスの市民運動「WE OWN IT」は、外国資本により経営されている水道事業を、文字通り市民の共同所有として「共としての公営」に取り返そうとしている。単に国営水道としての経営を求めるのではなく、事業に求める技術や財政・投資のあり方、そのオルタナティブも議論し、共同所有すべき事業の運営は共同意思で決定していくという運動である。この間、世界中で起こった水道事業の民営化や規制緩和は、新しい雇用も産業も生むことなくサービスの多くが低下した。「共としての公営」こそが、有効な経営ビジョン、希望への道だと訴えている。

水循環や流域・地域との連携

フランスのパリ市で再公営化された水道事業では、「取水から蛇口まで」の水道事業だけではなく、長期的な水源の汚染対策や保全も事業として取り組んでいる。水源地近隣の農家とパートナーシップを結び、有機農業や減農薬農法への転換を支援することで水源の汚染を止める取り組みも行っている。

パリ市では「Observatoire」という市民の水行政への参画を促進する会議を組織している。専門機関としての行政・公営企業と市民の「官民連携」である。これらの水道事業による総合的な流域管理の取り組みと住民参加の確立によって、パリ市水道局は国連公共サービス賞を受賞した。いわば公共サービスのモデル事業といえるのである。

公営水道としてこれほどの先進事業例がありながら、なぜか日本では、特に政府からは紹介されることが少ない上に、恣意的な解釈が拡散されているのが実態である。

また、パリ市水道は、他に低所得世帯への水道料金補助（日本でいう福祉減免制度）を設立している。水道事業を媒介してセーフティ・ネットを張り、「Observatoire」の組織化や流域管理の事業を通じて地域の人々の関係を再構築し、社会的連帯を組織するコーディネーターにもなっている。日本でこれからの地方公営企業のあり方を考える際の参考事例となるだろう。

パリ市が行っている水道事業による総合的な流域管理への取り組みと住民参加の確立は、日本でも水循環基本法を制定するにあたって議論されていた課題である。水循環基本法の制定は「水の公共性」を創造しようと努め、どのように具体化するのかという取り組みであった。水道・下水道事業を各地域の水循環の中に位置づけ、水源林や地下水も含めた流域の水環境保全と連携する水道・下水道事業を構想するビジョンも模索されていた。

「水は公共のもの」――水循環基本法は水の重要性や公共性について認識すべきことを訴えている。ならばいま、公共の領域を侵食する市場原理に対して、「水の公共性」のルールを市場原理に中に埋め込んでいくあらたな取り組みが問われているのではないか。

水道・下水道にあっても、パリ市水道のように水循環や流域・地域との連携を構築していくことを、事業展開のスタンダードとして考えていくべきである。

4　自治体は水道の将来をどのように考えるべきか

地方公営企業とは何か

日本の水道はそのほとんどが地方公営企業の事業である。地方公営企業は、水道法上の義務と責任を負うことや地方公営企業の責務を果たすという、市場原理とは異なる原理のもとで運営されている。

水道事業の経営と持続性が危機にあり、具体的な事業基盤の強化が逼迫した課題となっていたとしても、「公共サービスの産業化」を支援する政府の施策がその答えではない。いま、市場原理とは異なる原理は何なのか、あらためて確認し、具体的な施策を検証し実施することが必要である。そのためにまず地方公営企業を規定する法律を確認する。

そもそも地方公営企業とは何か、どのような理念のもとに制度化されてきたのか。

地方公営企業法は1952年7月に成立、日本の独立回復直後である。法第1条に「地方自治の発達に資することを目的とする」とあり、水道事業については、衛生行政的な意味で公営であることは要請されていただろうが、それよりも地方自治を具現化していくための手段としての水道事業が嘱望されていた。

日本国憲法は憲法第25条で生存権を確立し、第92条で「地方自治の本旨」を規定、地方自治、住民自治の実践が模索されていた。住民による地方公共団体の活動への深い関心を喚起し、地方自治を活性化するためにも「地方公共団体による水道事業の経営がふさわしい」という考え方が地方公営企業法に反映されている。

１９８０年代以降、特に90年代後半からは、「小さな政府」を求める政策がより顕在化した。経済構造改革および財政構造改革法の制定は１９９５年、経済同友会は「市場主義宣言」を１９９７年に発表、２００0年代に至り郵政事業は民営化され、地方行財政改革が至上命題であるかのように公共部門のスリム化が進展した。地方公営企業では職員数や賃金の削減が続いた。業務委託は拡大し施設更新への投資は減額され、また多くの公共部門では、あたかも民間部門の新たな公共サービス市場形成を支援するかのように「官から民へ」が加速された。

この「民」は多くの場合、大手サービス業界、ビックビジネス、金融機関などが独占的に代表し、「既得権を守る官」という対抗の構図が意図的につくられ、その民営化への誘導は執拗に続いた「公務員バッシング」もそうした構図の一部である。

しかも公共部門のスリム化と「官から民へ」が住民との利害調整を省略した「上からの改革」であったことと裏腹に、あたかも「公務員バッシング」がすべて住民の自治意識の発信であるかのように仕立て上げられた。

現在の水道事業の現場や事業経営が抱える困難と疲弊の多くは、この20数年間におよぶ水道政策の失敗によって形成された、いわゆる「公共サービスの産業化」である。地方公営企業はいまこのような変容にさらされているのである。

水道事業を「じぶんごと」に

2000年代に入って拡がった水道事業の業務委託は、性能発注方式とされる包括的委託であるが、この「民間活用」は、実はその経費削減効果が高くないことも報告されている。とりわけ小さな水道事業体では直営よりも費用が掛かり、多くの事業者が自前で実施した方が効率的なのである。

こうした「民間活用」で経費節減を迫れば、収益を求めることを至上命題とする民間企業は、コスト削減を追求し、それは必要な住民サービスの維持や技術継承、災害時の適正対応にしわ寄せられることは言うまでもない。民間活用という名の下にある業務委託は、水道事業の持続性も問題になりかねない。

水道法改正の目的はあくまで「水道の基盤の強化」である。水道事業にコンセッションを導入する仕組みを盛り込む今回の水道法改正は、水道事業が抱える課題を一気に照らし出し、その一方では、公営企業としての水道の基盤を劣化させるコンセッションの問題点も明らかにすることになった。それはコンセッションによらず課題を解決する、水道事業が地方公営企業として進化する必要も明らかにしたのである。

まず必要なことは「地方自治の発達に資する」という地方公営企業の理念に立ち返り、住民が地域の水道事業を「じぶんごと」として認識していくことである。

水の問題は私たち人間を含む「生きとし生けるもの」の問題である。

地域で支える水道事業とはどのように構築されるべきか、納得して水道料金を支払うという意思を地域でどう醸成するのか、具体的な課題をめぐる話し合いが「共としての公営」を確立していくことになるのではないか。そのきっかけとしては、みんなで地域の水道を知ることとである。

いま、全国各地それぞれの水道現場の職員は、近年大雨などの荒天をはじめとする災害が多くなったことにより、水源水質の変動に対応する能力も極めてシビアに求められ、日夜、必死で奮闘している。常に自然相手の水道事業は、ひとたび対応を間違えたり遅れたりすると、事態は取り返しがつかなくなる。水道現場の職員たちは、1年365日、1日24時間、大げさに言えば1秒たりとも気を抜くことができない世界として、そこに身を置いているのだ。また、災害時においても、昨今は自衛隊員の活躍が報道を占める傍で、地震、津波、豪雨、豪雪、あらゆる災害の中で水道職員も、目立つことはないが常に応急給水や復旧作業に奔走している。水道事業とは、市民生活、企業活動など、社会の基盤を根底から支える事業として、市民・エンドユーザーすべての人々に関心と参画が必要なのである。

そのように住民参加を求めていくことが、地方公営企業としての水道事業を進化させる端緒となる。「公権力としての公営」ではなく、「みんなで考える公共水道」の追求こそが、唯一の解決策ではないかと考える。

イギリスやフランスをはじめ、海外の先進事例となる取り組みは、地方公営企業としての水道事業を進化させる豊富な手掛かりを提供している。

「水は公共のもの」。みんなに共通する水道事業をみんなで考え話し合うことを、当たり前の営みとすること。地方公営企業のイノベーションは、「水の公共性」を歴史的に創造していく営みとして、誰かに任せっきりにしない位置づけが何より必要なのである。

【参考文献】

「パリ市における水道の歴史」（アンヌ・ル・ストラ／全水道会館・水情報センター「みらいの水と公共サービス」資料集／２０１８）
「市町村水道事業と地方自治—１９４７年から52年まで」（宇野二朗／『札幌法学』第20巻第１・２号／２００９）
「市町村公営水道をめぐる３つの論理」（宇野二朗／『全水道』２０１４年６月号）
「水道事業における市町村公営原則の発展」（宇野二朗／『札幌法学』第28巻第１・２号／２０１７）
『いかにして民主主義は失われていくのか』（ウェンディ・ブラウン／みすず書房／２０１７）
「現代財政と公私分担の再編」（金澤史男編『公私分担と公共政策』日本経済評論社／２００８）
「再公営化は世界の潮流」（岸本聡子／『全水道』２０１４年６月号）
『水道事業の現在位置と将来』（熊谷和哉／水道産業新聞社／２０１３）
「行政改革における公企業と公共性」（神野直彦／21新しい公企業のあり方研究会「競走下における公企業と公共性の展望」生活経済政策研究会）
『社会的共通資本としての水』（関良基・まさのあつこ・梶原健／花伝社／２０１５）
『主権の２千年史』（正村俊之／講談社選書メチエ／２０１８）
「労働問題研究と〈公共性〉」（兵藤釗／千葉大学『公共研究』第３巻第３号／２００６）
「水道法の改正について」（厚生労働省／２０１８）
[https://www.mhlw.go.jp/file/06-Seisakujouhou-11130500-Shokuhinanzenbu/0000197001.pdf]
「公営企業の経営戦略の策定支援と活用などに関する研究会報告書」（総務省自治財政局／２０１５）
「経営健全化の取り組み状況等について」（総務省自治財政局／「水道財政のあり方に関する研究会」第２回配布資料／２０１８）
We OWN it - Public services for people not profit
[https://weownit.org.uk/public-ownership/wate／]（最終閲覧日２０１８年11月７日）

第7章

持続可能な水道を目指す

橋本　淳司

1　水道事業の見直しを図る

過剰設備の縮小の必要性

水道の持続が難しいとされるが、公営か民営かを検討する前に、水道事業の見直しは必要だ。まず、料金値上げの試算は「現状の施設（ダム、浄水場、水道管路など）を維持した場合」という仮定のもとに行われている。これまでの過大な投資についての反省をしないまま更新すると、さらなる過大投資を生み、水道料金は上がり続ける。

人口減少に直面する地方ほど見直しは急務だが、都市部も無縁ではない。節水が浸透して東京都水道局の収入は10年前から１３０億円減った。東京でも近い将来、人口減が予測されているから、水源から蛇口まで、さらには排水口から河川、海までの見直しは不可欠で、たとえば、無用なダム投資などはいまからやめるべきだろう。

過剰設備の縮小といってもやり方は様々だ。たとえば、岩手中部水道企業団は近隣の水道事業者と統合し誕生した。もともと用水を供給していた旧企業団、北上市、花巻市、紫波町の４つの水道事業を統合し、２０１４年４月に新組織で事業を開始した。

企業団は岩手県の内陸中部にある。岩手県の給水区域は６５８平方キロメートルで東京23区のそれより広い。一方、給水人口は岩手中部の22万人に対し、東京23区は９０００万人であり、給水面積当たりの人口が大きく違う。

統合前に設備の老朽化と将来の更新費用を調査すると、料金収入は激減し、更新投資は大量に発生するとわかった。施設を維持したら事業費は数倍になり、料金値上げにつながる。そこでダウンサイジングを実施した。たとえば統合時に浄水施設は34あったが、それを２０２５年度に21まで減らす計画だ。統合から４年経った２０１８年末までに５つの浄水施設を廃止。廃止施設を含め、広域化の最初の事業計画から約76億円の将来投資（必ずやらなければならなかった投資）を削減した。今後さらに８つの浄水施設を廃止する計画で投資削減額はさらに多くなる見込みである。統合前には半分程度だった浄水場の稼働率は7割を越え、管路や浄水施設の耐震化率も伸びている。

小規模施設の活用

岩手中部水道企業団では当初、「小規模施設は原則廃止。基幹浄水施設や送水幹線を整備し、施設の統廃合を行うこと」が基本路線だったが、小規模でも効率よい施設は存続させる方針を立てている。つまり、大きな施設と小さな施設を地域特性に合わせて組み合わせて使う。

現在、小又地区で「上向流式粗ろ過」と「緩速ろ過」を組み合わせた小型施設の実証実験がはじまっている。「緩速ろ過」とは、ろ過層の表面に棲む目に見えない生物群集の働きで浄水する方法で、薬品の力は使わず、土壌が水をきれいにする自然界の仕組みをコンパクトに再現したものだ。さらに「粗ろ過」と組み合わせることで、濁った水にも対応できる。

岩手中部水道事業団で、この方法の検討をはじめた理由は、

①施設の長寿命化が図れ、生涯コストが安価

②粗ろ過と組み合わせることで緩速ろ過が苦手とする濁度上昇に対応可能

③維持管理が容易なため、地域住民自ら水道を管理することが可能

などとされている。

導入にあたっては岡山県津山市の小規模浄水施設の視察も行なった。ここには水道未普及地域が約２００戸あった。市街地からは地理的に遠く、これまでは清浄で豊富な沢水を住民が簡易処理して使用していた。

しかし、安定して水が得られなくなった。理由は、

①雨の降り方が変わって水が濁りやすくなった

②野生動物の糞尿などが原因で水質が悪くなった

③水源の山が荒れ、保水力が低下し水量が不安定になった

などとされる。これらの課題を津山市の水道事業として解決するのは財政的に厳しく、住民による小規模水道が動き出した。維持管理を地元組合が行うため、

①できるだけ構造が単純で管理の手間が少ない

②ポンプ等の動力を使用しないで自然流下とする

③できる限り薬品類を必要としない施設とする

などが考慮され、「上向流式粗ろ過」と「緩速ろ過」を組み合わせた装置が採用された。

こうした津山市などのケースを参考に、岩手中部水道事業団でも実証実験がはじまった。高台に水量豊富な水源があり、そこに小規模浄水施設が稼働すれば、下流にある2つの古くなった施設を閉鎖でき、さらなる縮小が可能。この設備は、コンクリート層と砂利があればよく、地元の業者が施工できる。メンテナンスも安価で簡単に行え、月1回のバルブを開閉すれば自然圧で濁質が取れる。今後、沢筋にのびる集落、中山間地域などに適用できる。

小規模水道は、一般的には非効率とされ、基盤強化の名目で事業統合が進められている。しかし、住民との距離も近く、組織的にはコンパクトで意思決定も早くできるというメリットがある。また、山間部等に分散した施設の統廃合は、管路施設のコスト増大をまねくだけでなく、運用時の環境負荷やリスク分散の視点でマイナス面もある。人口減少により給水区域の再編や廃止等が予測される場合は、地域特性に応じたあらたな分散処理システムが提供される必要があるだろう。

その際、効率的な監視業務や保守点検業務が重要だ。前述のような住民による共同管理や、複数の施設の遠隔監視システム導入により維持管理業務の効率化が可能である。小規模水道における水道システムは、施設とその管理において分散化と統合化を地域特性に適したかたちで構築していくことが必要と思われる。

エネルギーの視点から見直す

現在の上下水道システムには、多くのエネルギーが使用されている。水源からポンプで取水し浄水場まで導水する、浄水場で浄水処理する、ポンプで各家庭まで送水・配水する過程で使われる電力は、年間約80億キロワット／時とされる。

人口減少を見越して、現在使用する水道管（口径500ミリ）を細くしてコストダウンを図る場合を考えてみる。管路寿命を80年と仮定した場合、次のような選択肢があったとする。

・現状のままの口径500ミリで更新
・40年後を想定して口径400ミリで更新
・80年後を想定して口径300ミリで更新

口径500ミリで更新すると、将来的に過剰な設備投資になる。口径300ミリで更新すれば管路自体の設備投資は最小になる。ただし、エネルギーに着目すると事情は変わり、現状口径のまま更新する場合が最小となる。口径300ミリの場合、管路の不足流量分を管路内の流速に配慮しつつ、補完する送水ポンプが必要になる。ポンプの消費エネルギーを考えると、必ずしも合理的な選択であるとはいえない。

このようにエネルギーという視点は重要だ。固定的にかかる電力量を節減できれば、水道経営は効率化できる。

エネルギー使用量の多いポンプ導水を減らす方法は、

①「低遠」水源から「高近」水源へシフトする
②「水道」から「水点」へシフトする
の2つがある。
①について言えば、低い場所にある水源から取水して、高いところにある浄水場まで導水したり、遠くのダムから導水したりと「低遠」の水源を利用するのではなく、伏流水やコミュニティー内の地下水（井戸水）など「高近」の水源に注目し、高低差を活かして水を運べば導水や送水にかかっていた電力は減らせる。下水道は流域単位になっていて、自然流下によって水を流している。水道も同じ考えにすることでエネルギーコストの削減が図れる。
②について言うと、大きな施設で浄水処理し、そこから水を「道（水道管）」を通して運ぶのが「水道」だとすれば、給水ポイントを小規模分散化して、水の道の長さを極力短くして「水点」をつくることにより、浄水やポンプ導水にかかるエネルギーを減らそうというものだ。
地下水も利用のルールを決めて、持続可能な使い方をすれば、有効な「水点」になるし、雨水を活用した施設も「水点」といえる。

緩速ろ過を見直す

緩速ろ過方式について、水道業務に携わっている職員は「昔の技術」で片付けているかもしれない。だから広域化で浄水場を潰す場合には、まっさきに緩速ろ過方式の浄水場が候補に上がる。しかし、緩速ろ過を見直すことで、水道事業のコストダウンを図ることができる。

盛岡市では施設更新に際し、緩速ろ過、急速ろ過、膜ろ過のコストをイニシャル、ランニングコストの両面から試算した。その結果、盛岡市の地域環境特性を考えると緩速ろ過が最もコストが抑えられるとわかった。緩速ろ過のコストの大部分は、ろ過池の建設やろ過砂利など初期投資。ろ過池には一定の面積が必要だが、盛岡市の浄水施設は市街地にはなく、山あいの土地を比較的安価に取得できる。

またイニシャルコストはかかっても耐用年数が長いので割安になる。同市の米内浄水場（１９３４年創設）は80年を超えてなお現役で稼働している。急速ろ過の場合、30年程度で機械設備の更新が必要になるので単純に初期投資だけで比較してはいけない。ランニングコストについては、電気代、薬剤代の節減が可能。電気代はわずかで、水をきれいにするための薬品は不要だ。

緩速ろ過はろ過池の砂のかき取りのための人件費が高いとされる。かつては盛岡市でも人夫さんが毎月、手作業でろ過池のかき取りを行っており、毎月人件費がかかっていた。しかし、かき取りを機械化して人手を減らした。

また、かき取りは毎月行う必要はない。原水の質にもよるが、盛岡市では最長4か月程度はかき取りしなくても正常にろ過できている。岡山県総社市にある総社浄水場は高梁川の伏流水を取水し緩速ろ過を行っているが、原水が清浄なため8か月程度かき取りしなくてもよい。

様々な要素を１００年スパンで比較した場合、緩速ろ過は急速ろ過の2分の1にコストが抑えられるとわかった。

緩速ろ過は濁度上昇への対応が難しいとされるが、その点では、粗ろ過が検討されている。盛岡の場合、通常の原水濁度はゼロに近いが、雨が降ると濁度が上昇し、濁度10以上で取水停止になる。濁度10以上の日数は年間30～40日。その対処法として粗ろ過での前処理を検討している。

2 地域の水政策を見直す

水循環の視点で見直す

前項で述べた降雨時における原水の濁度上昇は土地利用に関連している。盛岡市東中野の沢田浄水場（急速ろ過）は梁川の表流水を原水としている。梁川上流の牧草地に大根畑がつくられたときは、雨が降ると畑の土等が流れる影響で濁度３０００まで上昇した。大根畑がなくなり緑化が進むと雨が降っても濁度は上がらなくなった。

現在は水源地の荒廃が問題だ。山が荒廃すれば降水時の濁度上昇の程度も頻度も上がる。２０１３年、線状降水帯が居座り、秋田、岩手内陸部が豪雨に襲われた。土砂崩れが発生し、雫石川から取水した水が最大濁度６０００になった。

想定を超えた雨が降る時代になり、水源地の保全は急務である。放置された人工林は、真っ暗で地面にはほとんど草が生えていない。保水力は低下している。水源林を水道事業者が主体的に管理していくことは大切で、土地所有のコストは発生するが、長期スパンで見ると、水質の安定化や治水能力の向上につながる。

このように、これまでの水道事業の枠組みを超えた見直しも必要だ。

米国の自治体は、水の循環を包括的に管理する「ワン・ウォーター」という概念を採用しはじめた。多くの自治体が上下水道局の統合、内外の協業体制を構築し、農業での地下水利用や肥料流出の削減、最新技術の導入による下水発電や栄養素回収、湿地を活用した水質浄化や洪水緩和といった持続可能かつ循環型の水管理をはじめた。

水道事業にかかるコストの大部分は、悪化した水質を改善するためのもの。では、水質を改善するにはどうしたらよいか。生活排水、農業排水、工業排水の汚染をなくすこと。でも、それは水道局の管轄ではない、というのが、これまでの考え方だった。

しかし、地域の水を保全し、使っていくには、地域・流域の水循環の最適化を図る必要がある。日本では2014年に水循環基本法が誕生している。この法の理念に基づいたまちづくりが鍵を握る。もちろん水道事業を超えた取り組みになるので首長、議員の腕の見せ所である。

パリの水哲学に学ぶ

2018年9月、パリ市の水道事業を行うオー・ド・パリ社の業務部長、ベンジャミン・ガスティン氏がパリ市の水道事業について語った。ガスティン氏の話で考えさせられたのは、「水道という仕事」の範囲と時間である。

「持続的な水供給を考えるなら、空間的に広い計画が必要だ。パリ市だけでなく同じ水の流れをともにする周辺地域、さらには流域で考えていく」

オー・ド・パリ社は公営企業として5つの異なる流域、12の県、300以上の自治体とパートナーシップを結んでいる。

「パートナーシップを結んだ広い範囲で、地下水マネジメントも行っている。法的な枠組みのなかで、水源地はオー・ド・パリが所有し、保全活動を行う。私たちは必要な水源をすべて保全対象としている」

さらに、水道事業は水を確保し、浄水し、各家庭に配水するだけが仕事ではない。様々な領域での公共政策に貢献しなくてはならないと考えている。

「たとえば、水資源管理、生物多様性、持続可能な農業、持続可能な地域開発、循環型社会、食料の地産地消など。長期的な水保全と水質改善のために、地域連携、地方自治体、農業セクター、NGOとの連携も必要だ」

同時に、長い時間軸で水道事業を考えている。19世紀から培ってきた水関連の設備・資産など、遺産を受け継ぎながら未来に向けた開発を行う。特殊な技術の継承とデジタル時代への適応。公営企業として、古くなった設備を新しい設備に更新するだけでなく、過去を受け継ぎ未来に向けて継承するという哲学をもっている。

人材育成こそ持続の要

そのためにもっとも必要なのは人材育成だ。ガスティン氏は語った。

「技術・独自の専門性に基づく総合的産業アプローチだ。水の生産（取水、水源保全、運搬導水、浄化）、供給（メンテナンス、揚水、貯留、流量制御）、管理（水質管理、計量、課金、顧客サービス）などの分野がある。

仮に業務を民間企業に任せるのであれば、しっかり監督をするために、自分たちで専門技術を持つ必要があり、内部には研究所もある」

官民連携するにしても決して丸投げにしない。スタッフが十分な知識、将来の課題に取り組むための専門性を身につける。すべてのスタッフがモバイルデバイスを持ち、最新テクノロジーを駆使しながら、一方でワークショップを行い、古い機械の維持管理方法など匠の技を継承している。

気候変動をはじめとする様々な変化が起きている時代だからこそ、公の力が試される。広い範囲で、かつ長期的な展望を持ちつつ、柔軟に対応する姿勢は大切である。

こうしたパリの動きから日本で進められようとしている民営化（コンセッション）が学ぶことはないのか。コンセッションは当然ながら、「契約」と「契約の遂行」が重要になる。自治体と民間企業が互いの責任と役割を明確にし、きちんとした契約をつくり、あらゆるリスクを想定したうえで、金額も含めた契約条件が決まる。契約の際、現状を把握できなかったこと、将来起きることが見通せなかったことが、海外では失敗につながっているため、日本では契約とモニタリングを強化しようとしている。

1つの危惧は、コンセッションをまじめにやろうとすればするほど、変化に対応しにくくなるということだ。コンセッション終了時が現在と何も変わらないなら、厳密な契約を結び、粛々と業務を履行すればよいかもしれない。

しかし、そんなはずはない。予測より早い人口減少、気候変動にともなう災害や水環境の変化、あるいは水行政の変化などが起きるはずであり、コンセッションはそれらに柔軟に対応することは難しいだろう。

水道事業の広域化で運営効率を上げていくことや、逆に、数軒しか家がないような集落では独立型の水道を考えるなど、地域や環境に合った様々な対策を講じていかなければ水道事業は継続できない。さらには多発する豪雨災害への対策など、水道の枠を超えて総合的に水行政を担う人材も必要だ。そのために必要なのは人材育成だ。コンセッションで民間企業に任せきりにしたら人は育たない。そして、地域の水を地域に責任を持って届けるにはどうすればいいかのビジョンを持つことが重要だ。

3　住民参加の水道をつくる

市民が公共領域に進出する

経済というと多くの人が「市場経済」をイメージする。だが、公共を経済活動の視点から見ると、企業の営利活動、政府や自治体の行財政活動、家庭の経済活動が重なり合った領域と把握できる。そこでは共同的社会の条件を整備するために、公共事業や公共サービスが各主体により提供されている。

近年の日本政府は公共領域を大きく変容させた。公共領域を市場に委ねて予算を削減し、公的責任を弱めた。また、効率性を強調し、意思決定や運営における民主主義を軽んじている。公共事業に関する予算が圧縮され、事業の絞り込み、運営の専権主義が強まっている。事態の改善には、行政や議会に対して公的責任を質すと同時に市民が公共領域に進出する必要がある。

パリ市では水道事業に住民が参画し、モニタリングを行っている。

日本ではどうか。水道政策を実効的に行うには市民の理解が不可欠だが、現実的には水道への関心は薄い。水道のない時代を経験している人であれば、水道の「ありがたさ」を訴えれば響くが、現在の市民の多くは、生まれたときから水道があった世代だ。蛇口をひねれば「当たり前」のように水が出てくる。水道に関心があったとしても、それは「水道をもっとおいしく」「水道料金を安く」の2点である。

岩手県矢巾町は、２段階の広報戦略を立てた。１つは水道の現状を知らせるマンガ冊子。もう１つが住民参画（水道サポーター）のワークショップである。

２００９年から公募で集まった市民と職員が勉強会を続け、水道の現状と課題について共有。その結果として「水道を維持するためには水道料金を上げる必要がある」という意見が市民から出た。「水道をもっとおいしく」「水道料金を安く」から「水道の持続性のためには値上げもしかたない」という変化はどのようにして生まれたか。

矢巾町役場に20名ほどの人が集まっていた。「やはば水道サポーター」のメンバーである。会議室の中央に、パソコンの映像を映すためのスクリーン。サポーターは10名程度ずつ２グループ。各グループともホワイトボードに向かってU字型に配置されたイスに座る。

それぞれのグループにファシリテーターと書記がいる。書記はホワイトボードに模造紙を貼ってサポーターの意見を書いていくが、１つの「問いかけ」につき模造紙１枚にまとめるよう工夫されており、会場には第１回の意見を記録した模造紙が貼ってあった。

ファシリテーターはこう問いかけた。

「現時点での水道事業の課題は何か。その課題は、30年後や50年後を考えたとき、優先順位が変わるだろうか」

この問に答えるには、現状の課題を知っていることはもちろん、30年後、50年後がどうなるかという予測が必要で、それには様々な知識が必要だ。参加者はこの高度な問いかけに端的に話した。課題として以下を挙げた。

・水道管路の老朽化
・水道事業の人材不足
・給水人口減少による財源不足
・災害対策　など

「30年後や50年後を考えたとき課題の優先順位が変わるか」という問いに対しては、「現時点での問題の見極めと取り組み次第で優先順位は変わるだろう」「いまの世代が多少負担を負っても未来世代にツケをまわさないことが重要だ」などと発言していた。

隠されたしくみ

「やはば水道サポーター」は、水道に関して意識の低い町民の声を水道に反映させる目的で生まれたものだが、サポーター制度が単独に存在するわけではない。町民の声を水道に反映させる仕組みは、「パブリックコメント」「アウトリーチ」「やはば水道サポーター」と重層的につくられている。じつはここに「発言しないマジョリティ」の声を水道事業に反映させようという「想い」が感じられる。それぞれについて説明する。

①パブリックコメント

矢巾町の水道事業には、水道のパブリックコメント手続きに関する要綱がある。これによって町民が水道事業に参加することを担保する。

②アウトリーチ

聞き取り調査。水道の職員が町へ出て、水道に対する意見を聞き取る。ショッピングセンターなどで水道に対する意見を求めた。町民の関心事は水道水の料金と質。水道事業者は、水道管や浄水場など膨大なストック管理の大変さを伝えたいのだが、住民の関心とは大きな隔たりがあるとがわかった。

③やはば水道サポーター

一般公募（有償）で集められ、定期的に水道について学びながら、矢巾町の水道の将来を考えている。月1回のワークショップを開き、水道事業の諸問題の共有を図っていった。水道に関心があった人は少数。「時間に余裕があるから手をあげてみよう」というノリの人がほとんどで水道に関してはまったくの素人集団。映像資料を見たり、水道水とミネラルウォーターの飲み比べをしたり、浄水場などの施設見学をしたりした。

サポーターは個人の学びの場ではなく、学習する組織になっている。そして年度ごとに構成メンバーが増え、学びも深くなっていく。学びが深まると深刻なテーマを扱えるようになる。戦後から高度成長期に整備された全国の水道設備が老朽化し、一斉に更新期を迎えていること、簡易水道を維持するため住民に設備補修費の一部負担を求めるケースがあることなどを学びながら、矢巾町の水道事業の持続性、将来のあるべき姿を探った。

時間をかけて学んでいるうちに、サポーターは成長し、水道に対する意識が変わる。

「水道は利用できて当たり前と感じていたが、今回参加して料金の根拠など多くのことを学んだ」

「水道に携わる人の苦労を知った。今後はもっと大切に使いたい」

「水道事業を持続させるには適正な投資が必要であり、水道料金の多少の値上げもやむなしだ」

矢巾町の仕組みの特徴は「発言しないマジョリティ」の声を反映させることに腐心していること。住民参加は今後の自治体にとって重要なキーワードだが、ともするとそれ自体が目的化していることが多く、議会対策になっていることもある。

住民でつくられた組織が「声の大きなマイノリティ」であることも多い。意識が高く、専門知識もあるが、住民全体の代表ではない。その人たちが住民をリードすることもあるが、場合によっては引っ掻き回しているだけだったり、役所と対立してしまうこともある。こうなると「声の大きなマイノリティ」は役所とも多くの住民とも乖離していく。

「発言しないマジョリティ」の声をいかに聞くか。これは自治体の政策だけにとどまらず、国政にもいえる。パブコメ、聞き取り、学習する組織づくり。参考になる点はとても多い。会議では、「いまから多少の水道料金が上がるのはしかたない」「冷蔵庫の買い替えにそなえて貯金しておくのと似ている」という声が上がっていた。次世代の負担を軽減するために、現在から「保険的投資」を行っていこうという意見だ。そして、こうした声が町の水道事業に反映されている。

まちづくりを住民参加で考える

公共インフラの老朽化が進むなか、国や自治体が主導し、道路、橋梁、上下水道など、個別に対策している。しかし、インフラを「いかに維持するか」という視点では根本的な解決につながらないだろう。まずは、人口減少期における「都市のあり方」を見直す必要がある。

都市はそこに集まる人たちが「豊かな生活」を実現するための「手段」といえる。たとえば、モノやサービスを交換する役割、集まったモノやカネを再配分する役割をもっているが、そのあり方は多様であってよい。

しかしながら、戦後の日本の都市は「経済成長」を主たる目的としていた。

このとき大きな役割を担ったのが土地、住宅、インフラである。

日本に「持ち家志向」が広がったのは戦後のこと。戦前の都市では借地・借家が主流だった。１９３１年に東京市社会局が行った「東京市住宅調査」では借家率は70・５パーセント、１９４１年の「大都市住宅調査」では75パーセント。持ち家は25パーセントに過ぎない。

戦後、持ち家志向が醸成された理由は３つある。

１つ目は、貸家経営の崩壊。戦時中からのインフレ拡大や実態を無視した地代家賃統制令の施行で貸家経営が苦しくなる。その後、戦災による貸家の損壊に加え、戦後は建築資材の不足、地代家賃統制の継続で経営は行き詰まり、財産税の徴収もあって貸家を供給してきた旧来の都市富裕層が没落した。

２つ目は、敗戦直後の住宅政策。戦後ヨーロッパでは国が住宅供給に力を注いだが、日本では第二次産業の復興が急務という方針から、政府は国民に自力で家を建てることを求めた。

３つ目は、住宅ローンの整備。市民が土地と家を所有するのは容易ではないが、１９５０年に住宅金融公庫が設立された。民間の銀行の住宅ローンなどに比べて低利で固定金利なうえに、審査基準も厳しくない。

経済成長のためには、市場に多くの人に参加してもらう必要があるが、一般市民が借金をして土地や住宅を購入し、住宅ローンを返済することで経済市場に参加し続けることになった。借金返済の期間が長くなればなるほど、人々は経済市場と長期的な関係をつくる。都市は長期間、変わることのないプレーヤーを獲得した。

持ち家志向を含めた不動産信仰を決定的にしたのは地価の上昇である。バブル崩壊までの戦後40年間、日本の地価はほぼ一貫して上がり続けた。土地・建物は所有していれば価値が上がり、キャピタルゲインを得ることができた。しかし、そんな時代は終わっている。

さらに都市の発展にインフラは欠かせない。インフラストラクチャーとは「下支えするもの」のことで、福祉の向上と経済活動に必要な公共施設を指す。道路、上下水道、橋梁などの基盤整備が進み、設備投資をして便利になれば土地は黙っていても上がった。

その効果も限定的になっている。インフラは本来都市を「下支えするもの」であって、経済成長のための注射ではない。都市住民が豊かになるためのインフラを模索することが大切だろう。

今後の都市を考えるうえで、まずは大きな構造変化をおさえるべきだろう。

1つ目は、人口減少社会の到来。少子高齢化が進み、土地の需要が減る。都市部では需要が横ばいになり不動産価格は緩やかに低下するだろう。郊外や地方では人口減少が激しくなり、空き家が増え、不動産価格は大きく下落するだろう。

2つ目は、未利用地化した土地がまだら状に増えていくこと。市街地、市街化調整区域、農地、いずれの場所でも未利用地が増えていく。また、固定資産税に比した収益を上げることが難しくなっていく。こうなると土地や住宅を所有する意欲が減少する。

今後は多様な住民で集まり、まちづくりを検討する必要がある。これまでのように、行政が住民に説明するというスタイルではなく、人口動態、土地利用状況、財政など客観的な情報を、行政、住民で共有しながら一体となって考える必要がある。

都市のなかに、まだら状に空き地が増えることを考えると、様々な施設が小さな規模で分散型に存在し、その総和によって住民の満足度を高める工夫が必要だ。

これまでのように経済成長だけを豊かさと考えず、様々な価値観を実現するために、多様なライフスタイルを実現できる成熟したまちをつくっていくという考えが重要になるだろう。まちづくりが変われば、公共インフラのあり方も変わる。設備を維持するという発想から、どの設備を残し、どの設備を失くすかという議論は当然起きる。大規模で効率的な設備から、小規模で分散型の設備が選択されることもあるだろう。

終章

いま日本で起こっていること

三雲　崇正

1　前章までのまとめと本章のねらい

本書の執筆目的の1つは、世界や日本における公共サービスや公共施設の私営化の流れと、それを推進する制度や枠組み、また世界各地における揺り戻し（再公営化）の動きを確認することで、地方自治の現場において、私たちが、地域の生活を支える公共サービスや公共施設をどのように運営していくべきかについて話し合うための材料を提供することにある。

第1章では、公共サービスや公共施設の民営化と再公営化の流れについて、1980年代以降の公共サービス民営化の旗手であった英国をはじめとする世界各地の情勢を概観したうえで、パリ市水道の事例を紹介し、公共サービスの再公営化を通じた「公共」のイノベーションや民主的コントロールの可能性を提示した。また、第2章では、一度民営化された公共サービスがどのような経緯を経て再公営化に至っているのかについて、世界各地の事例を紹介した。これらの事例の一つ一つは、私たちの公共サービスや公共施設の民営化を議論する際に、どういった事柄に注意しなければならないのかという教訓を示すものである。

第3章では、PFIという民営化手法の母国である英国での議論の変遷をたどり、PFI推進施策が、それを最も真剣に追い求め続けた国においてすら失敗し終焉を迎えた事実を確認することで、英国を模倣した日本のＰＦＩ推進施策の後進性を明らかにすることを企図した。さらに英国における民営化水道事業を例にとって、地域独占事業である水道が民営化した場合にどのような構造的問題を抱えるのかを紹介した。第4章では、日本国内における民営化手法の事例を紹介し、これらの特徴や議論されている問題を明らかにすることを企図した。

また第5章では、日本におけるＰＦＩの類型や構造を概説し、第1章から4章までに紹介した事例の問題が、どのような仕組みで発生するのかを検討する材料を提供することを企図した。同時に、国のＰＦＩ推進施策が地方に対して押し付けられている状況について概観した。

第6章は、日本の近代水道の歴史を振り返り、その中で確立された日本の水道事業の根幹をなす原則を確認し、さらにそれが「第三者委託」制度の導入で変容されたことを概観した。また、現在日本の水道事業が抱える課題と、それに対して国が示した解決策（今次の水道法改正案）の問題点を概観し、さらに私たち水道利用者が水道事業の課題を「じぶんごと」として考えることの重要性を指摘した。

これを受けた第7章では、日本の水道事業が抱える課題に対するもう1つの解決策について、国内外の各地で実践されている取り組みや、水道事業の再公営化を果たしたパリ市の姿勢を紹介しつつ、「公共」を住民参加で創り上げていくアプローチを提案する。

本章では、前章までの議論を踏まえ、現在の日本で「公共」の根本が損なわれようとしている状況を再度確認するとともに、いまこそ地域から「公共」を取り戻す議論を展開する機会であることを伝えたい。

2 PPP/PFI推進施策と水道事業の民営化

水道法改正案にコンセッション方式の導入が組み込まれた理由

事業認可を自治体に残したまま水道事業の民営化を可能にする水道法改正（2018年12月6日可決・成立）の内容は、第6章において紹介されたとおりであるが、簡単に言えば、日本の水道事業が、①人口減少に伴う水需要の減少、②水道施設の老朽化、③職員数の減少、④水道料金原価の見積不足といった課題を抱える中、これらを解決するための方策として、（a）水道の基盤強化、（b）水道施設の適切な管理、（c）官民連携の推進（コンセッション方式の導入）等の改革を行おうとするものである。

政府は、水道事業へのコンセッション方式導入（民営化）が、前述した日本の水道事業の課題を解決する1つの方策であると考えているのであろうか。

水道法改正案で示された（a）水道の基盤強化や、（b）水道施設の適切な管理については、これらによって課題が解決されうることは容易に理解できる。しかし、水道事業の運営が公共から民間に移ることによって、人口減少に起因する問題や施設の老朽化、水道事業に従事する職員の減少といった問題を解決することが可能であるとの説明には、かなりの無理がある。公共サービスの民営化によって、世界各地で本書の第1章から3章で見てきたような問題が発生していることを知ればなおさらであろう。

「いま世界中ほとんどの国ではプライベートの会社が水道を運営しているが、日本では自治省以外ではこの水道を扱うことはできません。しかし水道の料金を回収する99・99パーセントというようなシステムを持っている国は日本の水道会社以外にありませんけれども、この水道はすべて国営もしくは市営・町営でできていてこういったものをすべて、民営化します」

これは、政権再交代を果たした第2次安倍内閣の麻生太郎副総理・財務大臣が、2013年4月19日に米国のCSIS戦略国際問題研究所における講演での発言である。

発言の詳細を見ていくと、「日本では自治省以外ではこの水道を扱うことはできません」「日本の水道会社」「水道はすべて国営もしくは市営・町営でできていて」といったように、日本の水道事業運営者が誰なのかについて、短い発言の中ですら「国（自治省）」、「市や町」、「水道会社」といった認識のブレを示しており、麻生大臣が水道事業についてあまり理解していないことがわかる。水道事業の課題についてもまったく触れられていない。

しかし、この麻生発言の結論、メッセージは簡潔明確である。日本国内の水道事業はすべて民営化する、ということである。

この発言から約2か月後の2013年6月、政府の経済財政運営と改革の基本方針（骨太の方針）において上下水道事業にコンセッションを導入する方針が明記され、同月には10年間で10兆円から12兆円の

ＰＰＰ／ＰＦＩ事業を推進することが宣言された。
また、２０１４年5月には、経済財政諮問会議・産業競争力会議・立地競争力等フォローアップ分科会において、竹中平蔵委員より「公共施設等の運営権、コンセッション方式は、建設業等インフラ関連企業や投資家にとって大きな新規のビジネスチャンスとなる成長戦略の柱の１つである」との発言がなされた。

こうした一連の発言や政府の動きを見る限り、今次の水道法改正案におけるコンセッションの導入は、建設業等インフラ関連企業や投資家にとっての大きな新規のビジネスチャンスをつくるため、すべての水道事業の民営化を行うことを目的としていることが明らかである。

また、２０１８年臨時国会では、参議院厚生労働委員会における福島みずほ議員（社民党）により、フランスの水メジャーであるヴェオリア社の社員が、内閣の民間資金等活用事業推進室（ＰＰＰ／ＰＦＩ推進室）に出向しているのではないかとの質問がなされ、政府がこれを認める答弁を行った。

政府によれば、当該社員はＰＰＰ／ＰＦＩ推進室において政策調査員として海外事例の調査業務を行っているとのことであった。海外事例の調査結果はわが国のＰＰＰ／ＰＦＩ政策に大きく影響を与えるものであり、そこに水道事業へのコンセッション導入によって利益を享受する海外企業の社員が関与していることも、今次の水道法改正が誰のためのものであったのかを示すものである。

水道法改正とＰＰＰ／ＰＦＩ推進施策の「合わせ技」

ただし、水道法改正案は、水道事業運営方法の1つの選択肢として、コンセッション方式の導入が「可能になる」ことを規定しているにすぎない。

法律上は、現在水道事業を行っている自治体において、ＰＦＩ法に基づく実施方針条例を制定し、水道施設の運営権を設定しなければ、コンセッション方式は導入することができない。そして、この実施方針条例の制定及び運営権の設定のいずれについても、議会の議決を経る必要がある。

このため、政府は、水道法改正の動きと同時に、第5章で概説したＰＰＰ／ＰＦＩ推進施策の地方への押し付けともいうべき動きを見せてきた。

第5章の繰り返しになるが、政府が自治体に整備を求める「優先的検討規程」では、10億円以上の建設事業及び単年度事業費1億円以上の運営・維持管理事業については、自ら事業を行う従来型の手法よりも、ＰＰＰ／ＰＦＩ手法の導入が適切か否かの検討を優先して行うべきこととされている。一定規模以上の自治体が行う水道事業は、通常単年度事業費が1億円以上であるため、「優先的検討規程」を整備した自治体では、当然、コンセッション方式の導入を優先的に検討しなければならなくなる。

このとき自治体は、コンセッション方式を導入しない場合には、その旨及び評価の内容を公開し、その判断の妥当性を外部から検証可能にすることが求められ、さらに内閣府により、コンセッション方式の導入を優先的に検討しているかどうか、調査を受けることとされている。

つまり、「優先的検討規程」を整備した自治体は、その運営する水道事業についてコンセッション方式の導入（民営化）を検討しなければならないだけでなく、民営化を迫る事業者や内閣府に対して「コンセッション方式の導入（民営化）を選択しない理由」を合理的に説明しなければならなくなる。

こうして、これまで政府が進めてきたＰＰＰ／ＰＦＩ推進施策と今次の水道法改正が組み合わさったとき、自治体が持つ水道事業は、民間事業者から見て収益性の高いものから順にコンセッション方式の導入（民営化）が進む仕組みが作られつつあると言ってよい。

このように見たとき、今次の水道法改正案が国会を通過した現在、水道事業民営化に関する議論の主戦場は個別の自治体、とりわけその議会ということになる。地域住民や、自治体職員、議員におかれては、第1章から3章で概観した諸外国の水道事業の民営化の状況や、第6章で概観した日本の水道事業の原則的な考え方、さらに第7章で紹介されたもう1つのアプローチを念頭に、自分たちの地域の水をどのように確保するのかについて、責任をもって議論していただきたいと思う。

また、その議論の前提として、自分たちの自治体において、政府が策定を求める「優先的検討規程」の準備がどのように進められているのか、未だ策定が完了していなければ、そのような規程を策定すべきかについても、十分に議論する必要があると思われる。

3 「新たな産業創出」のための個人情報の利活用

地方が持つ資産は目に見える公共サービスや公共施設だけではない。最近では、自治体が管理する個人情報も民間事業者に利用させる仕組みづくりが進行している。

我が国の個人情報保護制度では、自治体が保有する個人情報の取扱いは、個人情報保護法5条及び11条に基づき、「条例」により規律されている。すべての自治体は、個人情報保護法の趣旨に合致した個人条例を制定しており、そのほとんどが、「個人情報の適切な取扱い」と「住民の権利利益の擁護」を条例の目的として掲げている。

ところが近年、個人情報保護制度の根幹を揺るがす変更が加えられつつある。

パーソナルデータの利活用

近年のＩＴ技術の飛躍的な発展によりいわゆるビッグデータの収集・分析が可能になった結果、様々な分野において、特に個人の行動や状態に関する情報（パーソナルデータ）の利活用が謳われるようになった。

これを受けて、パーソナルデータの利活用の推進を主たる目的とする個人情報保護法の改正がなされた。そこでは、「匿名加工情報」、すなわち「特定の個人を識別することができないように個人情報を加工して得られる個人に関する情報であって、当該個人情報を復元することができないようにしたもの」については、「個人情報」に該当しないものとされ、第三者に提供することが認められている。

政府は、パーソナルデータの利活用をさらに推進するため、行政機関個人情報保護法等を改正し、また医療機関等が保有する医療個人情報について、匿名加工したうえで第三者に提供することを可能にする法律（次世代医療基盤法）を制定した。

特に医療情報に関しては、国が設置した研究会の報告書でも、レセプトや診療記録等の医療個人情報に対する利活用のニーズが高いことが判明している。具体的には、新たな治療法の確立や薬の副作用情報の精度向上につながることが期待されているようである。

自治体が保有する個人情報利用の流れと懸念

政府は、こうしたパーソナルデータ利活用の流れを自治体にも及ぼそうとしている。具体的には、自治体が保有する個人情報を、「新たな産業の創出並びに活力ある経済社会及び豊かな生活の実現」に役立つものとし、官民を通じた匿名加工情報の利活用を図るため、自治体の個人情報保護条例にも、「匿名加工情報」と同趣旨の「非識別加工情報」の仕組みを導入することを求めている。

しかし、いくら「匿名加工情報」や「非識別加工情報」という用語を整備し、言葉の上ではプライバシー侵害が生じないようにしても、加工が不十分な場合や他の情報と照合した場合、個人情報を復元して個人を特定することは技術的には不可能ではない。その場合、取り返しのつかない広範なプライバシー侵害が生じることは容易に想像可能である。

政府が設置した検討会のワーキンググループ報告書でも、個人情報の匿名化技術には限界があり、「匿名化を行っても、個人の特定が不可能になるとは限らない」と認めている。

また、「匿名加工情報」や「非識別加工情報」であれば流通させても安全であるという考え方は一般的ではなく、国が設置した研究会や検討会の報告書でも「匿名加工情報の制度的な導入は世界でもまれである」と認めている。

それにもかかわらず、医療、教育、福祉、所得に関する税等の情報を、法令の定めに従って半ば強制的に預かり、安全に取り扱うことが求められている自治体に対し、個人情報を加工して民間の第三者に提供するよう求める政府の姿勢には大いに疑問がある。特に、最もセンシティブな情報である医療情報を「個人の特定が不可能になるとは限らない」危険な仕組みの下で民間の第三者に提供し、プライバシー侵害が生じれば、自治体の責任は重大なものとなる。

4 「公共」の市場化と再構築

「公共」の市場化（公から私へ）

「小泉・竹中改革」以来、「官から民へ」のスローガンの下、国においては公共サービスである郵政事業や道路公団等の民営化が進んだ。そこでは、民営化により政府の管理下から外れた財産（たとえば「かんぽの宿」）が特定の相手に不当に安い対価で譲渡されているとの疑惑が生じ、また、日本郵政の生命保険事業は、民営化後、特定の保険会社のがん保険の代理店網として利用されている。

すでに多くの論者によって指摘されてきたことではあるが、1990年代後半以降の「改革」とは、日本経済を自由で、透明で、公正なものへと改革するものではなく、公共分野で蓄積された共有の財産を一部の人々で分け合う収奪の仕組みだったのではないかとも思われる。「官から民へ」ではなく「公から私へ」だったのではないか。

「小泉・竹中改革」以降も、地方では、生活に密着した公共サービス（上下水道、地下鉄やバス等の公共交通機関）や公共施設が、自治体によって運営されている。

現在日本で起こっていることは、これらの公共サービスや公共施設を、「新たな収奪のフロンティア」として設定し、一部の人々の間で分配の対象とすることである。これまで本書で述べてきたＰＰＰ／ＰＦＩ推進施策や水道法改正においては、地方の公共財を外国投資家を含む一部の大企業・投資家に対して開いていく「公から私へ」の流れが露骨に現れている。

ＰＦＩ法は、より効率的かつ効果的な公共サービスの提供を目的としており、それ自体は首肯すべきものである。しかし、ＰＰＰ／ＰＦＩを「新たなビジネス機会」や「成長の起爆剤」として位置づけ、地域事情や施設特性等を無視した全国一律のＰＰＰ／ＰＦＩ推進施策は、自治体住民に利益をもたらさず、むしろ長年蓄積した公共財を損なう結果に終わる恐れがある。地域の公共サービスに関する方針決定は、自治体がその住民の議論を踏まえ、それぞれの地域事情や施設特性、住民の意向等を慎重に勘案し、自主的・自律的に行うべきものである。

「新たな産業の創出」や「活力ある経済社会の実現」を目的として、自治体が保有する個人情報を民間に利用させようとする「非識別加工情報」の仕組みも、同様の文脈で（「公から私へ」の流れとして）理解される。

自治体は、民間企業と異なり、法令に基づき、半ば強制的に、その領域内の住民全員の個人情報を保有している。また国の行政機関と異なり、個人情報を取り扱う機会が多く、かつ取り扱う個人情報は生活に密接に関連している。もっとも網羅的かつ利用価値の高いパーソナルデータを蓄積しているのが自治体であり、国は、その蓄積された情報を、ビッグデータを扱う能力のある一部の大企業等に利用させるよう求めている。

しかし、個人情報保護法は、個人情報の取り扱いに関し、自治体の自治事務として地域の特性に応じた施策を策定・実施することを求めている。政府が求める施策が地域住民の権利利益に合致しないものであれば、それを拒むことも自治体の役割である。

「公共」の再構築

かつてのスローガンである「官から民へ」のように、最近では、「官民連携（公民連携）」という言葉が多用されている。「公共」の運営を「官」に独占させず、多様な主体の資本や人材、ノウハウも活用して「公共」を運営すべきであるとの主張はもっともである。

しかし、第4章の「ツタヤ図書館」のような事例を見ればわかるとおり、公共の利益よりも自らの利益を優先させるため、指定管理者制度のような「官民連携（公民連携）」の仕組みが活用されるリスクがあることも指摘しなければならない。

問題は「公共とは何か」という根本にあるように思われる。

「公共」とは、一定の時間的・空間的範囲にある人々が否応なしに関与せざるを得ないものであり、それゆえに権力的契機を有し、伝統的に「官」が担ってきた。そして現代の権力は民主的に形成・運営されるべきものであるため、「公共」とは、人々がその形成・運営に権利を有し、義務を負うべきものとして理解されなければならない。

つまり、「公共」は民主的コントロールの下におかれ、「公共」を支えるコストは人々が公平に負担し、かつ「公共」から生じる効用及び便益は人々に公平に開かれていなければならないのである。

ところが、現在日本で活用が提案されている「官民連携（公民連携）」には、「新たなビジネス機会」、「新たな産業の創出」、「成長の起爆剤」、「活力ある経済社会の実現」といった修飾語がつきまとい、前述した「公共」の理念と合致するものであるどころか、むしろ「公共」を私的財産として囲い込み、市場で取引することに目的があるのではないかとの疑念すら抱かざるを得ない状況にある。

その意味では、現在日本で起こっていることは、「公共」という概念の解体過程であるともいえる。この過程をそのまま巻き戻すことは容易ではない。しかし、水道法が改正され、地方自治体が運営する水道事業が私的財産として囲い込まれうる状況が眼の前に現れつつある現在だからこそ、「公共」をもっとも身近なところから再構築する機会が与えられたと理解することもできるのではないか。

水は、「人々が否応なしに関与せざるを得ないもの」としての性格をもっとも強く持つものである。現在、過去、未来のいずれにおいても、またいかなる地域に住む人も、衛生的な水の供給なくしてその生存を確保することはできない。その意味で、水はもっとも「公共」性が高い財であり、水を人々に供給するための施設やサービスは、もっとも「公共」性が高い公共施設や公共サービスであるといえる。

そして、そのような「公共」性の高い公共サービスである水道事業は、現時点では、もっとも身近な政治的意思決定の場である市町村（基礎自治体）が経営するものとされている。

地域の水道事業は、意識するかしないかにかかわらず、地域住民にとっては必然的に「じぶんごと」であり、これをどのような形態や費用負担で維持するのか、どのような条件で利用が許されるのかは、否応なしに議論の対象とせざるを得ない。今次の水道法の改正は、PPP／PFI推進施策との「合わせ技」で、多くの自治体の水道事業におけるコンセッション導入（民営化）の可否に関する議論を引き起こすことになる。普段は公共サービスに関心を持たない人にすら「公共」を意識させ、関心を持つことを余儀なくさせる、そうした議論の引き金が引かれようとしているのだ。

このもっとも「公共」性の高い議論は、自治体の職員と議員が独占してよいものではない。水を供給するという、すべての人の生存に関わる公共サービスに関する議論であるのだから、すべての希望する人に適切な情報が開示され、その意見を述べる機会が公平に開かれていなければならない。

その意味において、第1章、6章及び7章で紹介されたパリ市の水道事業における利用者や住民の関与を促進する「Observatoire（オブザバトリー）」、また第7章で紹介された岩手県矢巾町における町民の声を水道に反映させる仕組み（「パブリックコメント」、「アウトリーチ」、「やはば水道サポーター」）は、もっとも「公共」性の高い議論を確保する枠組みとして、自治体や公営企業体が大いに参考にすべきものである。

それと同時に、このもっとも「公共」性の高い議論は、自治体や公営企業体といったオフィシャルな存在が主催するものである必要もない。自らの生存を成り立たせる水に関心を持つすべての人が主催者たる資格を持ち、参加する資格を持つ。

すべての人のために存在すべき水道事業が私的財産として囲い込まれうる状況を控え、あらゆる場所で、あらゆる人々によって、水のことが語られる。その中で、「公共とは何か」という問いが繰り返される。その積み重ねによって、この国に相応しい「公共」のあり方が再構築されることを期待したい。

そして本書が、「公共とは何か」という問いを繰り返す人々にとって、僅かながらでも手がかりを提供することができるのであれば、共著者の一人として、これ以上の喜びはない。

著者プロフィール

岸本 聡子（トランスナショナル研究所）

東京出身。環境NGO「A SEED JAPAN」専従スタッフ（2000年まで）。2001年にオランダに移住の移民一世。子育てしながら2003年よりオランダ、アムステルダムの政策研究NGO トランスナショナル研究所（TNI）のスタッフ。15年に渡って、水と正義と権利運動、水道民営化対抗運動を支援。2007年より水道再公営化の研究活動。ウェブサイトremunicipalisationtrackerの管理者。水道再公営化の調査（2015年）は編著『Our public waterfuture : global experience with water remunicipalisation』として刊行。編著『Reclaiming Public Services: How cities and citizens are turning back privatisation』(2017年）の日本語版『民営化から再公営化へ：自治体と市民が公共サービスの未来を創る（仮題)』が2019年発行予定。ベルギー在。

三雲 崇正（弁護士、新宿区議会議員）

東京大学法学部卒業後、2004年10月弁護士登録。アンダーソン・毛利・友常法律事務所において金融機関及び大手企業等に対して法的助言を行いつつ、第二東京弁護士会・人権擁護委員会において人権擁護活動に取り組む。英国エディンバラ大学ロースクール修了（LL.M. in European Law及びLL.M. in Commercial Law)。海江田万里衆議院議員政策担当秘書を経て、2015年５月より新宿区議会議員。共著に『TPP・FTAと公共政策の変質 問われる国民主権、地方自治、公共サービス (地域と自治体)』(2017年／自治体研究社)。

辻谷 貴文（一般財団法人全水道会館水情報センター事務局長）

1974年大阪市生まれ。大阪市水道局職員を経て水道事業や水道政策に関心。労働組合活動や市民活動を通じて、社会運動に取り組むかたわらで、現場若手時代に経験した阪神淡路大震災の応急給水や復旧活動で、水道事業・公共サービスの重要性を再認識する。全日本水道労働組合書記次長、一般財団法人全水道会館水情報センター事務局長、超党派水制度改革議員連盟参与・水循環基本法フォローアップ委員会幹事（基本計画分科会部会長）ほか。

橋本 淳司（アクアスフィア・水教育研究所）

水ジャーナリスト、アクアスフィア・水教育研究所所長。水課題を抱える現場を調査し情報発信。国や自治体への水政策の提言、子どもや市民を対象とする講演活動などを行う。水循環基本法フォローアップ委員会委員、武蔵野大学・愛知芸術大学非常勤講師、NPO法人地域水道支援センター理事、NPO法人ウォーターエイドジャパン理事。主な著書は『水がなくなる日』(2018年／産業編集センター)、『100年後の水を守る～水ジャーナリストの20年～』(2015年／文研出版)、『日本の地下水が危ない』(2013年／幻冬舎)、『67億人の水　争奪から持続可能へ』(2010年／日本経済新聞出版社）など。

安易な民営化のつけはどこに

— 先進国に広がる再公営化の動き —

発行日　2018年12月21日発行

著　者　岸本 聡子　三雲 崇正
　　　　辻谷 貴文　橋本 淳司

印　刷　今井印刷株式会社

発行所　イマジン出版株式会社
〒112-0013　東京都文京区音羽1-5-8
電話 03-3942-2520　FAX 03-3942-2623
HP　http://www.imagine-j.co.jp

ISBN978-4-87299-804-7　C0031　¥1500E
落丁・乱丁の場合は小社にてお取替えします。

企画協力　一般財団法人全水道会館水情報センター